3D 打印机的设计与制作

主　编　刘鲁刚　王　琨
副主编　郭海东

电子工业出版社
Publishing House of Electronics Industry
北京·BEIJING

内 容 简 介

3D 打印就是断层激光扫描烧结的逆过程，断层激光扫描就是把某个三维模型"切"成无数叠加的片；3D 打印就是一片一片地打印，然后叠加在一起，成为一个立体物体。本书主要内容包括走进 3D 打印、打印软件配置、设计、激光切割和装配。

本书可作为 3D 打印培训机构或职业技能鉴定培训机构的培训教材，也可供相关专业技术人员参考。

未经许可，不得以任何方式复制或抄袭本书之部分或全部内容。
版权所有，侵权必究。

图书在版编目（CIP）数据

3D 打印机的设计与制作 / 刘鲁刚，王琨主编 . —北京：电子工业出版社，2020.9
ISBN 978-7-121-39500-0

Ⅰ. ①3… Ⅱ. ①刘… ②王… Ⅲ. ①立体印刷－印刷术 Ⅳ. ①TS853

中国版本图书馆 CIP 数据核字（2020）第 167032 号

责任编辑：祁玉芹
文字编辑：张豪
印　　刷：中国电影出版社印刷厂
装　　订：中国电影出版社印刷厂
出版发行：电子工业出版社
　　　　　北京市海淀区万寿路 173 信箱　邮编：100036
开　　本：787×1092　1/16　印张：8　字数：195 千字
版　　次：2020 年 9 月第 1 版
印　　次：2020 年 9 月第 1 次印刷
定　　价：26.00 元

凡所购买电子工业出版社图书有缺损问题，请向购买书店调换。若书店售缺，请与本社发行部联系，联系及邮购电话：（010）88254888，88258888。
质量投诉请发邮件至 zlts@phei.com.cn，盗版侵权举报请发邮件至 dbqq@phei.com.cn。
本书咨询联系方式：qiyuqin@phei.com.cn。

前 言

随着工业现代化的不断发展，传统的加工工艺已无法满足现代工业零部件的加工需求，许多异形结构的零部件利用传统的加工工艺方法（包括五轴加工中心）很难加工或根本不能加工。这促进了 3D 打印机的快速发展，3D 打印机看似复杂，实际却很简单，也许你会为它神奇的能力而震撼，也许你会为它的高科技而惊叹，其实 1916 年爱因斯坦提出的激光辐射理论，就已经为 1986 年第一台 3D 打印机的出现奠定了坚实的理论基础。3D 打印机的原理其实并不复杂。3D 打印就是断层激光扫描烧结的逆过程，断层激光扫描就是把某个三维模型"切"成无数叠加的片；3D 打印就是一片一片地打印，然后叠加在一起，成为一个立体物体。传统的物体加工方法是利用"去除材料"进行加工，而 3D 打印则是利用"增加材料"进行加工。与传统的物体加工方法相比，3D 打印生产有材料利用率高、加工成型速度快、时间短、成型产品密度更均匀等优势。其中最大的优势在于不再受制于产品结构，只要是设计师能设计出的结构，3D 打印机都能实现。传统工业的产品开发，往往是先开模，然后再做验证产品用的手板……而运用 3D 打印技术，无须开模等工序，可以缩短制造时间，降低费用，更好地控制成本。而一些好的设计理念，无论其结构和工艺多么复杂，均可以利用 3D 打印技术。在短时间内制造出来，从而极大地促进了产品的创新设计，有效地改善了工业设计能力薄弱的问题。

3D 打印作为一门重要的选修课，该课程的推出，受到了广大学生的喜爱，选课、授课、实验均十分踊跃，可见 3D 打印在学生中很受欢迎。鉴于目前市场上 3D 打印技术方面的教材较少，学校专门组织教师开发了 3D 打印教程。从 3D 打印机的硬件制作，到固件参数的修改设置，以及 3DOne 的实体设计，可以让学生较为全面地了解 3D 打印机技术并能实践动手操作，下面就让我们一起好好享受这场 3D 打印的盛宴吧。

编　者
2020 年 1 月

目 录

第一章 走进 3D 打印 ··· 1

 第一节 3D 打印机概述 ·· 1

 第二节 3D 打印机的应用 ·· 3

 第三节 3D 打印的成型原理及分类 ·· 5

 第四节 3D 打印机的机械结构 ··· 15

第二章 打印软件配置 ·· 18

 第一节 Cura 软件的学习 ·· 18

 第二节 3D 打印机的操作 ··· 28

第三章 设计 ·· 37

 第一节 3DOne Plus 概述 ··· 37

 第二节 基本命令的应用 ·· 40

 第三节 打印机零部件建模 ··· 51

第四章 激光切割 ·· 67

 第一节 激光切割的原理 ·· 67

 第二节 激光切割的分类、特点及应用范围 ································· 67

 第三节 3D 打印机支撑板 ··· 69

 第四节 激光切割机的使用 ··· 72

第五章　装配篇 ·· 80

第一节　框架部分组装 ··· 80
第二节　打印平台部分组装 ··· 85
第三节　喷头组件的组装 ·· 91
第四节　传动部分组装 ··· 97
第五节　挤出系统组装 ·· 105
第六节　线路部分连接 ·· 110
第七节　3D打印机的固件调试 ·· 118

第一章　走进 3D 打印

3D 打印（3DP）是快速成型技术的一种，它是一种以数字模型文件为基础，运用粉末状金属或塑料等可粘合材料，通过逐层打印的方式来构造物体的技术。3D 打印通常是采用数字技术材料打印机来实现的。通常，在模具制造、工业设计等领域被用于制造模型，后逐渐用于一些产品的直接制造，现在已有多种使用这种技术打印而成的零部件。该技术在珠宝、鞋类、工业设计、建筑、工程和施工（AEC）、汽车、航空航天、牙科和医疗产业、教育、地理信息系统、土木工程、枪支以及其他领域都有所应用。

第一节　3D 打印机概述

1. 3D 打印机的起源

3D 打印思想起源于 19 世纪末的美国，并在 20 世纪 80 年代得以推广和发展。3D 打印是科技融合体模型中最新的"高维度"的体现之一，中国物联网校企联盟把它称作"上上个世纪的思想，上个世纪的技术，这个世纪的市场"。

19 世纪末，美国的学者研究出了照相雕塑和地貌成型技术，随后产生了 3D 打印技术的核心制造思想。20 世纪 80 年代以前，3D 打印机的数量很少，大多数集中在"科学怪人"和电子产品爱好者手中，主要用来打印像珠宝、玩具、工具、厨房用品之类的东西。甚至有汽车专家打印出了汽车零部件，然后根据塑料模型去订制市面上真正能买到的零部件。

1979 年，美国科学家 RF Housholder 获得了类似"快速成型"（Rapid Prototyping）技术的专利，但没有被商业化。20 世纪 80 年代初，该专利已有雏形，其学名为"快速成型"。20 世纪 80 年代中期，选区激光烧结技术（Selective Laser Sintering，SLS）被美国得克萨斯大学奥斯汀分校的 Carl Deckard 博士开发出来并获得专利，项目得到美国国防高级研究计划局（DARPA）的赞助。20 世纪 80 年代后期，美国科学家发明了一种可打印出三维效果的打印机，并将其成功推向市场。至此，3D 打印技术的发展逐渐走向成熟并被广泛应用。普通打印机只能打印一些报告等平面纸张资料，而这种新发明的打印机不仅能使立体实物的造价降低，而且能激发人们的想象力。未来 3D 打印机的应用将会更加广泛。

1995 年，麻省理工学院创造了"三维打印"（Three Dimensional Printing，3DP，即 3D 打印）一词，当时的毕业生 Jim Bredt 和 Tim Anderson 修改了喷墨打印机方案，把打印墨迹变为约束溶剂喷射的粉末，而不是再把"墨水"喷射到纸张上。2003 年以后，3D 打印机的销售量逐渐扩大，价格也开始下降。

2. 什么是 3D 打印机

3D 打印，是一种快速成型技术。它是一种以数字模型文件为基础，运用粉末状金属或塑料等可粘合材料，通过逐层打印的方式来构造物体的技术。它将复杂的三维制造转换为二维平面制造的叠加，所以不需要借助模具和工具就可以生成几乎任何形状的零部件，能够极大地简化制造环节，并有效地提高制造柔性。

3D 打印技术曾被美国《时代周刊》列为"美国十大增长最快的工业"之一，英国《经济学人》杂志则认为它将"与其他数字化生产模式一起推动实现第三次工业革命"。虽然这项技术已被世界认可和推广，但是受到技术和材料的限制，3D 打印技术还没有传说中那么无所不能。想要真正地推动第三次工业革命，3D 打印技术还有很长的路要走。

3D 打印机是一台怎样的设备呢？我们可以通过与传统打印机对比来理解。3D 打印机比传统打印机多了一个维度，它可以在高度方向上打印。简单来说，3D 打印机就是可以打印出立体实物的打印机。它与普通的打印机不同，3D 打印机并不打印墨迹。它所打印的材料很广泛，包括陶瓷、金属、塑料、食品、橡胶甚至是活体组织等。从理论上讲，它能够打印一切固态物体，比如玩具、服装、食品、房屋等，好好欣赏一下下面几幅图，看看 3D 打印机的发光之处吧（如图 1.1-1 所示）。

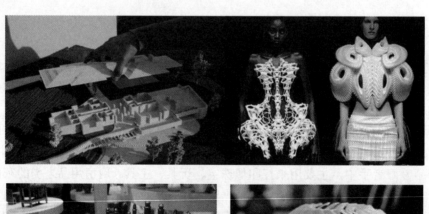

图 1.1-1　3D 打印机效果图

第二节 3D打印机的应用

1. 3D打印机在工业制造中的应用

汽车制造一直由于材料多样、技术复杂、工序繁复而被人们誉为"制造业皇冠上的一颗璀璨明珠"。传统的制造方法一般用于制造批量生产的零件,拥有非常复杂结构的零件很难用此类方法制造。但最近,科学家们在3D打印领域取得的进步性的突破,消除了一些更复杂零件的制造壁垒。比如,这一技术可用来制造受生物过程启发的结构,而采用其他制造方法无法做到这一点。因此,借助3D打印技术,我们能大批量地制造出结构复杂的精密零件。

2016年,在纽约国际车展上,福特公司展示了其用3D打印机制造出来的复杂泡沫结构,传统方法无法大规模制造出如此一致的泡沫,因为每个泡沫结构都由成千上万个小泡组成。福特公司还展示了很多的3D打印模型,例如进气管、横拉杆等。此外,3D打印也使快速制模成为可能,用3D打印方法制造出的模具可用于传统的设备制造中。

对于产量少的特种汽车来说,采用3D打印方法打印出可直接使用的零件尤其有用,因为此类汽车的主要成本是设计和原型开发,借助3D打印技术,可大大降低此类过程的成本。2011年,在加拿大温尼伯举办的TEDx会议上,世界上首款3D打印汽车在人们面前解开了面纱,这款被命名为"Urbee"的3D打印汽车,车身由特制的3D打印机所打造,使用超薄合成材料逐渐融合固化。这款车就像是直接绘制而成的,整体非常科幻、光滑(如图1.2-1所示)。

图1.2-1 首款3D打印汽车"Urbee"

2. 3D打印技术在建筑工程领域的应用

住宅和商用大楼的兴建耗费时间、金钱和能源,但3D打印技术可以建造成本更低、兴建速度更快、更节能环保的建筑物。3D打印的建筑物可定制化,并当场组装,比依靠图纸一块一块搭建起来的传统方式更高效。3D打印也鼓励使用再生建材。

2014年,在上海张江高新青浦园区内,陈列了10栋别墅毛坯房,其中最大的一栋两层建筑长10米、宽6米、高4米。和普通别墅不同,这些房屋总共只花费了24个小时建成,而且是整栋打印。别墅的"建造者"是上海盈创装饰公司的3D超级打印机。3D打在建筑这个领域没有那么炫目的名字,原名叫"增材叠加"或"快速成型"。这种工作原理与切削原材料的传统建材制造方法相反,属于逐层增材制造物件。体积可以达到150m×6.6m×10m,能够打印三层楼房。

同样是建设两层楼高的建筑,传统方法通常要用一个多月的时间,而3D打印只需几个小时就能开发完成,如图1.2-2所示。根据工作人员测算,这种打印速度比传统的建筑方式节省了50%的成本,还可以将城市所有的建筑垃圾经过回收处理,然后应用到建筑中去,使建筑更加环保、节能、耐久。

图1.2-2　3D打印的房屋

对于3D打印房屋,行业内认为它和传统的建筑方式并不矛盾,从目前技术成熟度来看,需要3至5年才能够将3D打印技术应用到具有功能性的建筑体中。并且开始阶段不是以打印整栋房屋起步的,而是从部分个性化零部件开始。至于个人打印房屋,短期内是不可能的,因为现在还没有真正商业化的3D打印机。目前,即便是在3D打印技术更成熟的海外,3D打印房屋也只是实验室阶段,还没有进入产业化阶段。

3. 3D打印技术在医疗卫生领域的应用

人体胚胎干细胞可以分化成各种不同种类的体细胞,分化过程从干细胞开始逐渐形成拟胚体,而3D打印则是一种新出现的培养特定大小和形状胚体的技术。目前,已经有英国研究人员首次使用3D打印实现了人体胚胎干细胞的打印,并且保持打印后的干细胞鲜活以及发展为其他类型细胞的能力。这在生物学界完全是一个全新的技术。研究人员说,这种技术的用途将会更加广泛,从制造人体组织到测试药物、制造器官,甚至直接在生物体内为生物打印细胞,如图1.2-3所示为3D打印的头盖骨与假肢。

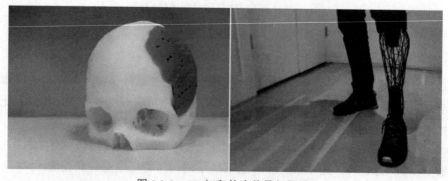

图1.2-3　3D打印的头盖骨与假肢

在此基础上，英国爱丁堡赫里奥特·瓦特大学和中洛锡安郡罗斯林干细胞公司研究人员进一步为胚胎干细胞 3D 打印配备了两个"生物墨盒"。两个墨盒中分别装着两种不同的打印材料，一个装着浸在细胞培养基中的人体胚胎干细胞，另一个只有培养基。通过计算机控制干细胞的技术应用于微调阀来控制"墨水"的喷出，通过喷口的口径来控制打印速度。

目前，研究人员已经开始尝试将 3D 打印干细胞的技术应用于制造骨髓和皮肤。借助这种技术，理论上将可以制造出由自身干细胞分化形成的各种器官，解决现在器官移植中的供体短缺问题。到时将无须他人捐赠，只需从自身提取干细胞，打印培养出需要的器官即可。这还将避免器官移植中的免疫抑制等问题。

第三节　3D 打印的成型原理及分类

3D 打印机是一个可以打印真实物体的机器，它的打印原理是以喷头为动点，在移动过程中按需即时喷出打印材料，最终实现点动成线、线动成面、面动成体的打印过程。根据成型材料和原理的不同，3D 打印机可分为以下几类：热熔挤压式（FDM），逐层叠加式（LOM），粉末黏结式（3DP），激光烧结式（SLS），光固化成型（SLA）。

虽然市场上 3D 打印机的种类和款式五花八门，但其成型原理和过程基本不会超出以上五种打印机的范畴。下面针对不同类型的打印机，简单了解一下其原理及特点。

1.　热熔挤压式（FDM）

（1）技术原理。

FDM 即熔融沉积，又叫熔丝沉积，主要采用丝状热熔性材料作为原材料，通过加热熔化，将液化后的原材料通过一个微细喷嘴的喷头挤喷出来。原材料被喷出来后沉积在制作面板或者前一层已固化的材料上，温度低于熔点后开始固化，通过材料逐层堆积形成最终的成品，FDM 技术原理如图 1.3-1 所示。

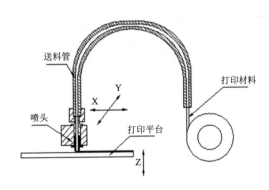

图 1.3-1　FDM 技术原理

FDM 技术的关键是保持从喷嘴中喷出的、熔融状态下的原材料温度刚好在凝固点之上，通常控制在比凝固点高 1℃左右。如果温度太高，会导致打印模型的精度降低、模型变形等问题；如果温度太低或不稳定，则容易导致喷头被堵塞，打印失败。

目前，最常用的熔丝材料主要包括 ABS/PLA、人造橡铸蜡和聚酯塑料等。一些采用 FDM 工艺的设备有时会需要使用两种材料：一种用于打印实体部分的成型材料，另一种用于沉积空腔或悬臂部分的支撑材料。

（2）工艺过程。

1）制作待打印物品的三维数字模型。

一般由设计人员根据产品的要求，通过计算机辅助设计软件绘制出需要的三维数字模型。在设计时常用到的设计软件有 UG、Pro Engineeing、SOLIDWORKS、MDT、AutoCAD 等。随着逆向工程技术的不断发展，很多复杂模型可以通过三维扫描仪来获得。

2）获得模型 STL 格式的数据。

一般设计好的模型表面会存在许多不规则的曲面，在进行打印之前必须对模型上这些曲面进行近拟合处理。目前通用的方法是转换为 STL 格式进行保存，STL 格式是美国 3D Systems 公司针对 3D 打印设备设计的一种文件格式。通过使用一系列相连的小三角平面来拟合曲面，从而得到可以快速打印的三维近似模型文件。大部分常见的 CAD 设计软件都具备导出 STL 格式文件的功能，如 UG、Pro Engineeing、SOLIDWORKS、MDT、AutoCAD 等。

3）使用切片软件进行切片分层处理，并自动添加支撑。

由于 3D 打印都是先对模型进行分解，然后逐层按照层截面进行打印，最后循环累加而成。所以，必须先要将 STL 格式的三维模型进行切片，转化为 3D 打印设备可处理的层片模型。目前市场上可见的各种 3D 打印设备都自带"切片处理"软件，在完成基本的参数设置后，软件能够自动计算出模型的截面信息。

4）进行打印制作。

根据前面所介绍的 FDM 技术原理，可以想象在一些大跨度结构时系统必须对产品添加支撑零部件。否则，当上层截面比下层截面急剧放大时，后打印的上层截面会有部分出现悬浮（或悬空）的情况，从而导致截面发生部分坍塌或变形，严重影响打印模型的成型精度。所以，最终打印完成的模型一般包括支撑部分与实体部分两个方面，而切片软件会根据待打印模型的外形不同，自动计算并决定需要为其添加支撑。

同时，支撑还有一个重要的目的是建立基础层。即在正式打印之前，先在工作平台上打印一个基础层，然后在该基础层上进行模型打印，这样既可以使打印模型的底层更加平整，又可以使制作完成后的模型更容易剥离。所以，进行 FDM 打印的关键一步是制作支撑，一个良好的基础层可以为整个打印过程提供一个精确的基准面，进而保证打印模型的精度和品质。

5）支撑剥离、表面打磨等后处理。

对 FDM 制作的模型而言，其后处理工作主要是对模型的支撑进行剥离、外表面进行打磨等处理。首先需要去除实体模型的支撑部分，然后对实体模型的外表面进行打磨处理，以使最终模型的精度、表面粗糙度等达到要求。

（3）技术特点。

在不同技术的 3D 打印设备中，采用 FDM 技术制造的设备一般具有机械结构简单、设计容易等特点，其制造成本、维护成本和材料成本在各项技术中也是最低的。因此，在目前出现的常规家用桌面级 3D 打印机中，使用的也都是该项技术。而在工业级的应用中，也存在大量采用 FDM 技术的设备，例如 Stratasys 公司的 Fortus 系列。

FDM 技术的关键在于热熔喷头，需要对喷头温度进行稳定且精确的控制，使得原材料从喷头挤出时既能保持一定的强度，又具有良好的黏结性能。此外，供打印的材料等也十分重要，其纯度、材质的均匀度都会对最终的打印效果产生影响。

（4）FDM 技术主要有以下几个方面的优点。

1）热熔挤压零部件的构造原理和操作都比较精确，维护操作比较方便，并且系统运行比较安全。

2）制造成本、维护成本都比较低，价格上有竞争力。

3）有开源项目做支持，相关资料比较容易获得。

4）打印过程的工序比较简单，工艺流程短，直接打印而不需刮板等工序。

5）模型的复杂度不对打印过程产生影响，可用于制作具有复杂内腔、空洞的物品。

6）在打印的过程中原材料不发生化学变化，并且打印后的物品翘曲变形程度相对较小。

7）原材料效率高，且材料保存寿命长。

（5）FDM 技术主要有以下几个方面的缺点。

1）在成型件表面存在非常明显的台阶条文，整体精度较低。

2）受材料和工艺限制，打印物品的受力强度低，特殊结构时必须添加支撑结构。

3）沿成型件 Z 轴方向的材料强度比较弱，并且不适合打印大型物品。

4）需按截面形状逐条进行打印，并且受惯性影响，喷头无法快速移动，致使打印速度较慢，打印时间较长。

2. 逐层叠加式（LOM）

（1）技术原理。

逐层叠加式技术是当前世界范围内几种最成熟的快速成型制造技术之一，主要以片材（如纸片、塑料薄膜或复合材料）作为原材料。由于多使用纸张作为原材料，使得整体制造成本非常的低廉，并且制件精度很高。同时，一些改进型的 LOM 3D 打印机能够打印出媲美二维印刷的色彩，因此受到了各界广泛的关注。特别是在产品概念设计可视化、造型设计评估、装配检验、快速制模以及直接制模等方面得到了大量应用。

其成型原理如图 1.3-2 所示，首先，激光及定位零部件根据预先切片得到横断面的轮廓数据，将背面涂有热熔胶并经过特殊处理的片材进行切割，得到和横断面数据一样的内外轮廓，这样便完成了一个层面的切割；接着，供料和收料零部件将旧料移除，并叠加一层新的片材；紧接着，利用热粘压装置将背部涂有热熔胶的片材进行碾压，使新层同有关零部件粘合，之后重新进行切割，通过这样逐层地粘合、切割，最终制成需要的三维工件。目前，可供 LOM 设备打印的材料包括纸、金属箔、塑料膜等，而用途上除了可以制造模具、模型外，也可以制造一些构件或功能件。

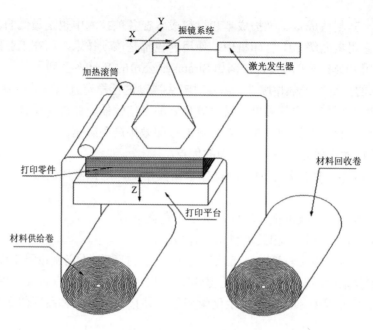

图 1.3-2　层叠法打印示意

由于热压机构将一层层的片材压紧并粘合在一起，使得打印过程中各个层之间便于形成黏结。因此不需要考虑添加支撑零部件，升降工作台可以直接支撑正在成型的工件，只需在每层打印完成后，下降一个层厚的高度即可。

采用 LOM 技术制作的大中型原型件，具备翘曲变形程度较小、尺寸精度较高、成型时间较短等特点，同时用于切割的激光设备使用寿命更长，打印完成的成品可以保存良好的机械性能。这种特征使得 LOM 设备适合于产品设计的概念建模和功能性测试零件。另外，由于制成的零件具有木质属性，因而还适合于直接制作砂型铸造模。

（2）工艺过程。

在层叠法成型工艺的实际使用中，设备基本都会将单面涂有热熔胶的片材（材料供给卷）通过加热滚筒来完成加热操作。完成加热后，热熔胶在加热状态下产生黏性，使得由纸陶瓷箔、金属箔等构成的材料得以粘接起来；接着，操作台上面的激光发生器按照 CAD 模型分层数据，用激光束将片材切割成所需零件的内外轮廓；然后再铺上一层新的片材，通过热压装置将其与下面的已切割层粘合在一起，激光束再次进行切割。反复循环这个过程，直至整个工件打印完成。

LOM 设备打印的具体工艺过程包括以下步骤。

1）通过进料辊（材料供给卷）完成填料操作，将片材引导进入工作台面上。

2）热压滚筒同时进行加热，将片材进行加热熔化处理，使其同上一层的成型材料完成黏结操作。

3）通过激光或刀具按切片形成的轮廓作为路径进行切割处理。

4）打印平台下降一个层厚的高度，然后通过出料辊（材料回收卷）和进料辊同时完成残余材料的移出和新材料的移入操作，之后重复整个打印过程，直至完成整个工件的打印工作。

5) 将成型工件从打印平台上移除,然后进行打磨、密封等后处理。

(3) 技术特点。

目前,能成熟使用的打印材料相比 FDM 材料而言要少很多,最终成熟和常用的还是涂有热敏胶的纤维纸。由于原材料方面的限制,导致打印出的最终产品在性能上仅相当于高级木材,在一定程度上限制了该技术的推广和应用。但该技术同时又具备工作可靠、模型支撑性好、成本低、效率高等优点;缺点是打印前准备和后处理都比较麻烦,并且不能打印带有"中空"结构的模型。在具体使用中,多用于快速制造新产品样品、模型或铸造适用木模。概括来说,LOM 打印技术的优点主要有以下几个方面。

1) 成型速度快,由于 LOM 本质上并不属于"增材制造",无须打印整个切面,只需要使用激光束将工件轮廓切割出来,所以成型速度很快,常用于加工内部结构简单的大型零部件。

2) 模型精度很高,并可以进行彩色打印,打印过程造成的翘曲变形程度比较小。

3) 原型能承受高达 200℃的温度,有较高的硬度和较好的力学性能。

4) 无须设计和制作支撑结构,并可直接进行切削加工。

5) 原材料价格便宜,原型制作成本低,可用于制作大尺寸的零部件。

LOM 技术的缺点也比较明显,主要包括以下 5 个方面。

1) 受原材料限制,成型件的抗拉强度和弹性都不够好。

2) 打印过程有激光损耗,并需要专门的实验室环境,维护费用高昂。

3) 打印完成后不能直接使用,必须手工去除废料,因此不宜加工内部结构复杂的零部件。

4) 后处理工艺复杂,原型易吸湿膨胀,需进行防潮等处理流程。

5) Z 轴精度受材料和胶水层影响,实际打印成品普遍有台阶纹理,难以直接加工形状精细、多曲面的零件,因此打印后还需进行表面打磨等处理。

另外,需要再次强调,纸材最显著的缺点是对湿度极其敏感,LOM 原型吸湿后工件 Z 轴方向容易产生膨胀,严重时叠层之间会脱离。为避免因吸湿而造成的影响,需要在原型剥离后短期内迅速进行密封处理。经过密封处理后的工件表面则可以表现出良好的性能,包括强度和抗热性、抗湿性。

3. 粉末黏结式(3DP)

粉末黏结式 3D 打印技术(Three Dimensional Printing and Gluing,3DPG,常被称为 3DP),又称为三维印刷技术,它是由美国麻省理工学院的 Emanuel M. Sachs 和 John S. Haggerty 开发的。之后又有许多科研人员对该项技术多次进行改进和完善,最终形成了今天的三维印刷快速成型工艺。

粉末黏结式 3D 打印技术使用的原材料主要是粉末材料,如陶瓷粉、金属粉、塑料粉末等。其基本工作原理:先铺一层粉末,然后使用喷头将粘合剂喷在需要成型的区域,让材料粉末黏结形成零部件截面;接着,通过不断重复铺喷、黏结的过程,层层叠加,以获得最终需要的三维打印零件。

（1）技术原理。

3DP 技术原理如图 1.3-3 所示，工作流程同上一节的 LOM 很相似。不同点在于工作台上的原材料不是片材，而是粉材。基本的流程便是在每一层黏结完毕后，成型缸（打印平台）都需下降一定的距离（层厚的高度），供粉缸上升一段高度，推出多余粉末，并被送料滚筒推到成型缸，铺平并被压实。

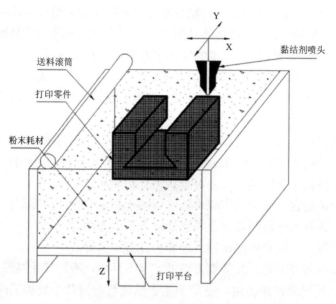

图 1.3-3　3DP 技术原理

其中，黏结剂喷头负责 X 轴和 Y 轴的运动，在计算机的控制下，按照下模型切片得到的截面数据运动，有选择地对开关喷头进行黏结剂喷射，最终构成截面图案。3DP 的工作原理和二维喷墨打印机很相似，这也是三维印刷这一名称的由来。在完成单个截面图案的打印后，打印台下降一个层厚单位的高度。同时送料滚筒进行铺粉操作，将打印台面下降导致的凹陷处重新铺平，接着再次进行下一层截面的打印操作。如此周而复始地送粉、铺粉和喷射黏结剂黏结的三维粉末体，将其进行后期处理后便得到了需要的打印零件。

（2）工艺过程。

目前的 3DP 设备多采用粉末材料作为原材料，主要有陶瓷粉末、金属粉末和塑料粉末等。然后通过黏结剂的黏力来绘制图层，受黏结剂的限制，该工艺打印制作的零部件强度普遍较低，必须进行后期处理。具体打印的工艺流程如下。

1）在上一层黏结完毕后，成型缸下降一个层厚单位的距离，供粉缸上升一定的高度，通过平整滚筒推出一定的粉末，将工作台铺平并压实。

2）送料滚筒铺粉时多余的粉末被集粉装置收集。

3）喷头在计算机的控制下，按一下建造截面的成型数据有选择地喷射黏结剂建造层面。

4）如此周而复始地送粉、铺粉和喷射黏结剂，最终完成一个三维零件的"粉体"。

5）未被喷射黏结剂的地方为干粉，在成型过程中起支撑作用，且成型结束后，比较容易去除。

6）将打印好的零件进行烧制等后续处理。

粉末黏结式 3D 打印技术的精度主要受两个方面的影响：一方面，打印完成后通过黏结剂黏粉生产的粉末坯件精度——在打印时，喷涂黏结过程中喷射黏结剂的定位精度，液体黏结剂对粉末材料的冲击作用以及上层粉末重量对下层零件的压缩作用均会影响打印坯件的精度；另一方面还包括坯件二次加工（焙烧）的精度——后续烧制等处理会对打印坯件产生收缩、变形，甚至微裂纹等影响，这都会对最后零件的精度造成误差。

（3）技术特点。

3DP 技术不仅有成型速度快、无须支撑结构的优点，而且能够打印出全彩色的产品，这是目前其他技术都比较难以实现的。当前采用 3DP 技术的设备不多，比较典型的是 ZCorp 公司（已被 3D Systems 公司收购）的 ZPrinter 系列，这也是当前一些高端 3D 照相馆所使用的设备。ZPrinter 系列高端产品 Z650 已能支持理论上 39 万色的产品打印，色彩方面非常丰富，基本接近传统二维彩色喷墨打印的水平。在 3D 打印技术的各大流派中，该技术也被公认在色彩还原方面是最有前景的，基于该技术的设备所打印的产品在实际体验中也最为接近原始设计效果。

采用 3DP 工艺的 3D 打印设备，相比其他 3D 打印技术而言，其主要的优点有以下三个方面。

1）打印速度快，无须添加额外支撑。

2）技术原理同传统工艺相似，可以借鉴很多二维打印设备的成熟技术和零部件。

3）可以在黏结剂中添加墨盒以打印全色彩的原型。

但是 3DP 技术的不足也同样明显。首先，打印出的工件只能通过粉末黏结，受黏结剂材料的限制，其强度很低。其次，由于原材料为粉末，导致工件表面远不如 SLA 等工艺成品的光洁度，并且在精细度方面也要差很多。所以为使打印工件具备足够的强度和光洁度，还需要一系列的后处理工序。由于制造相关原材料粉末的技术比较复杂、成本较高，而该工艺最致命的缺点在于成型件的强度较低，只能做概念验证和原型使用，难以被用于功能性测试。

4. 激光烧结式（SLS）

激光烧结式（Selective Laser Sintering，SLS），又被称为选区性激光烧结式或选择性激光烧结技术，最早由美国得克萨斯大学奥斯汀分校的 Carl Deckard 博士提出，于 1992 年完成商业原型设备并正式推向市场。

SLS 技术主要是利用粉末材料在激光照射下高温烧结的基本原理，通过计算机控制光源定位装置实现精确定位，然后逐层烧结堆积成型。所以，SLS 技术同样是使用层叠成型的方式。不同之处主要在于在照射之前需要先铺一层粉末材料，然后将材料预热到略低于熔点温度，之后再使用激光照射装置在该层截面上进行扫描，使被照射部分的温度升至熔化点，从而被烧结形成黏液。接着不断重复进行铺粉、烧结的过程，直至整个模型被打印成型，如图 1.3-4 所示。

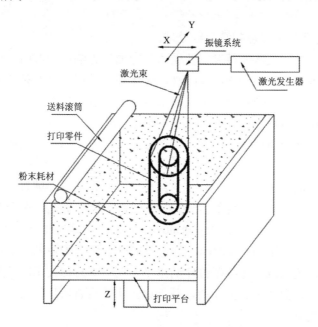

图 1.3-4　激光烧结式 3D 打印机

SLS 技术只支持粉状原材料，包括金属粉末和非金属粉末，然后通过激光照射烧结原理堆积成型。SLS 的打印原理同 SLA 十分相似，主要区别在于所使用的材料及其形态不同。SLA 使用的原材料是液态的紫外光敏可凝固树脂，而 SLS 则使用粉末材料。这一成型机理使得 SLS 技术在原材料选择上具备广阔的空间，因为从理论上来讲，任何可熔性粉末都可以用来进行制作，并且打印出的模型可以作为真实的零部件使用。

（1）技术原理。

激光烧结式技术原理，主要加工过程：采用送料滚筒将一层粉末材料平铺在已成型零件的上表面；并通过打印平台的恒温设施将其加热至恰好低于该粉末烧结点的某一温度，接着控制系统控制激光束按照该层的截面轮廓在粉末上照射，使被照射区的粉末温度升至熔化点之上，进行烧结并与下面已制作成型的部分实现黏结；当一个层截面被烧结完成后，打印平台下的工作活塞下降一个层厚单位的高度，铺粉系统为凹陷的工作台铺上新的材料；然后控制激光束再次照射烧结新层，如此循环往复，层层叠叠，直到完成整个三维零件的打印成型工作；最后，将未烧结的粉末回收到粉末缸中，取出已成型的零部件。

同其他打印设备不同，SLS 打印的模型并不能打印完马上拿出来使用，而需要等待整个零部件充分冷却之后，才能将其取出并放置到工作台上，否则原型可能由于温度过高给操作者带来危险。当整个原型被取出后，可以用刷子去除表面粉末，回收的粉末可以再次被使用。

对于使用金属粉末作为原材料进行激光烧结，在烧结之前，整个工作台都会被加热至一定温度。这样做可有效减少打印过程中的热变形，并有利于层与层之间的黏结。在打印过程中，未经烧结的粉末对模型的空腔和悬臂部分起着支撑作用，因此不必像 SLA

或 FDM 技术那样另行添加支撑结构，但在打印封闭结构时，必须留有孔洞以便内部支撑粉末的清理。

（2）工艺过程。

目前激光烧结式技术已有非常多的可用粉末材料，并制成相应材质的零部件。由于工艺成熟，打印的成本低，并普遍具备精度高、强度高等优点。但 SLS 最大的优势还在于，可以直接完成金属成品的打印，打印完成的零部件可以直接满足测试需求。并且激光烧结式技术可以直接烧结金属零件，也可以间接烧结，最终成品的强度远远高于其他 3D 打印技术。当前 SLS 设备家族中最为知名的是 3D Systems 公司的 sPro 系列及德国 EOS 公司的 M 系列。根据前面介绍的 SLS 技术原理，其具体的工艺过程可概括如下。

1）整个打印平台在打印期间，始终保持在粉末材料熔点略低一些的温度。

2）将粉末材料铺洒在已经成型零件的上表面，并刮平。

3）使用高强度的激光在刚铺的新层上照射出零件的层截面，材料粉末在激光照射下被烧结在一起，并与下面形成的部分相黏结。

4）当一层截面被烧结完成后，通过铺粉系统新铺一层粉末材料，然后进行下层截面的打印。

（3）技术特点。

与其他 3D 打印机技术相比，SLS 技术最突出的优点在于它可以使用的原材料十分广泛。从理论上说，任何加热后能够形成原子间黏结的粉末材料都可以被用来作为 SLS 成型材料。目前已成熟运用于 SLS 设备打印的材料主要有石蜡、高分子 ABS、金属粉末、陶瓷粉末和它们的复合粉末材料。由于 SLS 技术具备成型材料品种多、材料节省、成型件性能好、适合用途广以及无须设计和制造复杂的支撑系统等优点，所以 SLS 的应用越来越广泛。

具体来讲，SLS 的优点主要有以下 4 个方面。

1）与其他工艺相比，能生产强度高、材料性能好的产品，甚至可以直接作为终端产品使用。

2）可供使用的原材料种类众多。

3）零件的加工时间较短，打印零件的精度比较高。

4）无须设计或加工支撑零部件。

相比其他 3D 技术，其缺点主要包括以下 5 点。

1）关键零部件损耗高，并需要专门的实验室环境。

2）打印时需要稳定的温度控制，打印前后还需要预热和冷却，后处理也比较麻烦。

3）原材料价格及采购维护成本较高。

4）成型表面质量受粉末类型、颗粒大小及激光光斑的影响，高低差别大。

5）无法直接打印全封闭的中空零件，需要留有孔洞去除粉材。

5. 光固化成型（SLA）

光固化成型（Stereo Lithogaphy Appearance，SLA）也被称为光刻成型，属于快速成型技术中的一种，有时也被称为 SL。该技术是最早发展起来的快速成型技术，也是目前研究最深入、技术最成熟、应用最广泛的快速成型技术之一。

SLA 主要是把光敏树脂作为原材料，通过特定波长与强度的激光（紫外光）聚焦到光固化材料表面，使之按照由点到线、由线到面的顺序凝固，从而完成一个层截面的绘制工作。然后在垂直方向上升降打印平台一个层厚单位的高度，接着再照射固化下一个层面。这样循环完成固化、移动的过程，从而层层叠加，完成一个三维实体的打印工作。

（1）技术原理。

SLA 最早由美国麻省理工学院的 Charles Hull 在 1986 年研制成功，并于 1987 年获得专利。它主要以光敏树脂为原材料，通过计算机控制紫外激光发射逐层凝固成型。SLA 技术能简捷快速并全自动打印出尺寸精度较高、几何形状复杂的零部件原型。

SLA 的工作原理如图 1.3-5 所示，在计算机的控制下，紫外激光发生器按设计模型分层截面得到的数据，对液态光敏树脂表面逐点照射，使被照射区域的光敏树脂薄层发生聚合反应而固化，从而形成一个薄层的固化打印操作。当完成一个截层的固化操作后，工作台沿 Z 轴下降一个层厚单位的高度。由于液态的流动特性，打印材料在原先固化好的树脂表面自动形成一层新的液态树脂，因此照射零部件便可以直接进行下一层的固化操作。新固化的层将牢固地粘合在上一层已经固化好的零部件上，循环重复照射、下降的操作，直到整个零部件被打印完成。但在打印完成后，还必须将原型从树脂中取出，再次进行固化等后处理工作，通过抛光、电镀、喷漆或着色等处理，最终得到需要的产品。

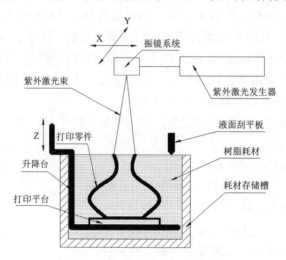

图 1.3-5　SLA 的工作原理

SLA 技术的特点是精度高、零件表面质量好、原料利用率几乎达到 100%，能用于打印制作形状比较复杂、比较精细的零件，适合于小尺寸零部件的快速成型，但缺点是设备及打印材料的价格都比较昂贵。

目前 SLA 技术主要集中于制作模具、模型等，同时还可以在原料中加入其他成分，用于代替熔模精密铸造中的蜡模。虽然 SLA 技术打印速度较快、精度较高，尤其是它的一些改进版本，例如 DLP（Digital Light Processing，数字光处理）等，但由于打印材料必须基于光敏处理，而光敏树脂在固化过程中又会不可避免地产生收缩，导致产生应力或引起变形。因此，该技术当前推广的一大难点便是急需收缩小、固化快、强度高的光敏材料。

（2）工艺过程。

SLA 技术的工艺过程一般可分为前处理、原型制作、清洗模型和后固化处理四个阶段。

1）前处理阶段的主要内容是围绕打印模型的数据准备工作，具体包括对 CAD 设计模型进行数据转换、确定摆放方位、施加支撑和切片等步骤。

2）原型制作过程即 SLA 设备打印的过程。在正式打印之前，SLA 设备一般都需要提前启动，使得光敏树脂原材料的温度达到预设的合理温度，并且启动紫外激光发生器也需要一定的时间。

3）清洗模型主要是擦掉多余的液态树脂，去除并修整原型的支撑，以及打磨逐层固化形成的台阶等处理。

4）对于光固化成型的各种方法，普遍都需要进行后固化处理，例如通过紫外烘箱进行整体后固化处理等。

（3）技术特点。

光固化成型技术的优势在于成型速度快、原型精度高，比较适合制作精度要求高、结构复杂的小尺寸工件。SLA 打印技术的优势主要有以下几个方面。

1）SLA 技术出现时间早，经过多年的发展，技术成熟度高。

2）打印速度快，光敏反应过程便捷，产品生产周期短，并无需切削工具与模具。

3）打印精度高，可打印外形结构复杂或传统技术难于制作的原型和模具。

4）上位软件功能完善，可联机操作及远程控制，利于生产的自动化。

但是光固化快速成型技术也有两个不足。

1）光敏树脂原料具有一定的毒性，操作人员在使用时必须采取防护措施。

2）光固化成型的产品在整体外观方面表现比较好，但是在材料强度方面还不能与真正的制成品相比，这在很大程度上限制了该技术的发展，使得其应用领域限制于原型设计验证方面，后续需要通过一系列的处理工艺才能将其转化为工业级产品。

SLA 技术的设备成本、维护成本和材料成本都远远高于 FDM 等技术。因此，目前基于光固化技术的 3D 打印机主要应用于专业领域，桌面级应用还处于启动阶段，相信在不久的将来会有更多低成本的 SLA 桌面 3D 打印机问世。

第四节　3D 打印机的机械结构

3D 打印机由机械部分和电气部分组成，机械部分主要负责打印机的运动、定位等，机械部分主要由打印机的框架、X、Y、Z 运动轴等组成。

1. 框架

框架是 3D 打印机的重要组成部分，其主要作用是将所需的组件固定，并保证其具有确定的相对位置，以实现各零部件间所需的相对运动。框架的结构和材料，对 3D 打印机的打印精度具有直接影响。

　　常见的 RepRap 类型的机器框架多是由螺杆将各个所需的零部件连接起来构成的，如图 1.4-1 所示。

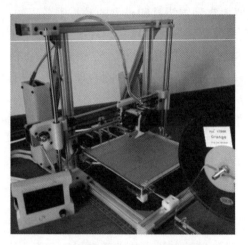

图 1.4-1　RepRap 类型的机器框架

　　另一种较为常见且美观的框架类型是 Box Bot 类型的机器，例如 MakerBot 或者 MakerGear Mosaic 等，其框架是将胶合板或者亚克力板用激光切割后进行拼装，利用螺丝连接和固定，如图 1.4-2 所示。

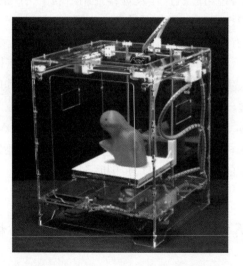

图 1.4-2　Box Bot 类型的机器框架

　　两种框架各有优缺点：RepRap 的螺杆结构框架，由于结构简单，但是组装和校准比较麻烦。如果需要调整设备零部件，可能会改变连接螺杆的长度。这一特点，使得设备的组装操作工作量和复杂程度都有所增加。Box Bot 的板材拼接结构，利用激光切割技术加工板材。各板之间采用插孔式连接，利用螺丝固定。各零部件的相对位置容易确定，使得设备组装更加方便，校准也较为容易。但是在工作过程中，设备震动较大，容易导致螺丝松动。为有效避免这一现象，可采取防震措施，例如添加弹簧挡圈、减震胶垫等防震零部件等。

2. 运动部分

为保证3D打印机的打印精度、打印速度，以及设备长时间工作的稳定性，3D打印机的运动部分采用的是直线型导轨（如图1.4-3所示）或者直线型轴承（如图1.4-4所示）系统。

图1.4-3　3D打印机的直线型导轨

图1.4-4　3D打印机的直线型轴承

滚动直线型导轨的运动借助钢球滚动实现，导轨副摩擦阻力小，动静摩擦阻力差值小。相对于传统导轨而言，直线型轴承、导轨系统更耐磨损，使用寿命更长。直线型轴承、导轨系统具有较好的承载性能，可以承受不同方向的力和力矩载荷，如承受上下左右方向的力，以及颠簸力矩、摇动力矩和摆动力矩。因此，它具有很好的载荷适应性。

第二章　打印软件配置

目前 3D 打印机配套的切片软件有很多，如 Cura、Repetier-Host、Slic3r 等。本章所介绍的是开源 Cura 15.02.1 中文版，其特点是易上手、好操作、切片效果较好、能快速精确地为用户的打印机生成 G 代码文件。

Cura 15.02.1 的主要功能有查看 3D 模型，并将 STL 等格式的 3D 模型文件转换成 3D 打印机能识别的 G 代码文件；可以帮助用户校准模型、计算 3D 模型打印的时间、大小及耗材使用量等；给 3D 打印机安装或升级控制板固件等。

Cura 15.02.1 适用于 Windows、Linux 和 Mac 系统，软件兼容的文件类型有 STL 格式、ODJ 格式、DAE 格式、ANG 格式。其中，几乎任何 3D 打印机切片软件都支持 STL 文件格式，STL 文件格式通用于 3D 打印行业不同标准的切片软件。

第一节　Cura 软件的学习

1. Cura 15.02.1 的安装

Cura 是一款免费的软件，可以直接从网上下载，下载之后，鼠标双击 "Cura 15.02.1.exe" 安装文件，在弹出软件安装的对话框中选择将要安装该文件的目录（英文目录），单击 "Next" 按钮继续，如图 2.1-1 所示。进入下一步安装，选择需要安装的内容（默认即可），单击 "Install" 按钮开始安装，如图 2.1-2 所示。

图 2.1-1　选择文件安装目录

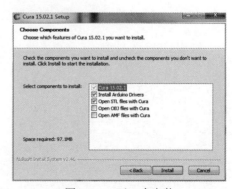
图 2.1-2　下一步安装

进入安装界面,单击"下一步"按钮开始安装驱动,如图 2.1-3 所示。

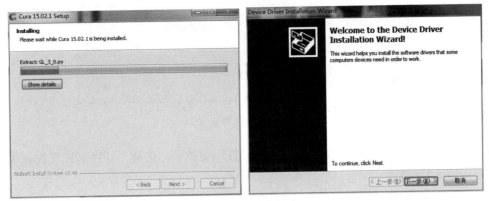

图 2.1-3　安装界面

单击"完成"按钮,完成驱动安装,如图 2.1-4 所示。单击"Next"按钮,进入下一步安装,如图 2.1-5 所示。

图 2.1-4　驱动安装完成

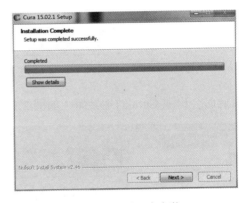

图 2.1-5　下一步安装

单击"Finsh"按钮,完成软件安装,如图 2.1-6 所示。

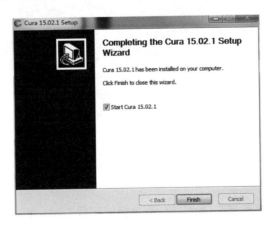

图 2.1-6　软件安装完成

进入软件启动界面，选择语言为"Chinese"的选项，如图2.1-7所示。

图 2.1-7　选择语言

此时会弹出软件的完整界面，在"专业设置"菜单中，选择"切换到完整配置模式"选项，如图2.1-8所示。

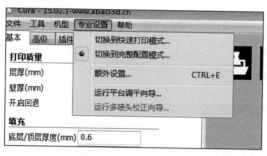

图 2.1-8　专业设置

此时会出现Cura的主界面，如图2.1-9所示。

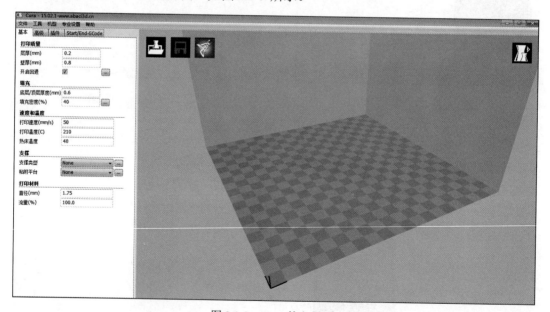

图 2.1-9　Cura的主界面

选择"文件"|"偏好配置"选项，打开"偏好配置"对话框，在"打印窗口类型"下拉列表中选择"Pronterface UI"选项（只有打开这个选项，才能调出打印控制界面），如图2.1-10所示。

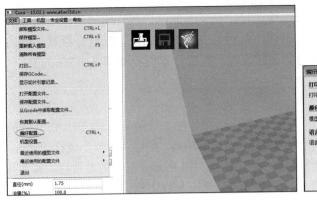
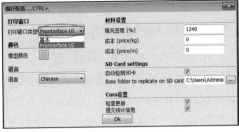

图 2.1-10 "偏好配置"对话框

选择"机型"|"机型设置"选项,打开"机型设置"对话框,在其"通信设置"选项区域中,端口和波特率均选择默认的"AUTO"选项(保证打印机电源插好,并打开电源开关),如图 2.1-11 所示。

图 2.1-11 "机型设置"对话框

驱动安装完成后,可以在设备管理器内查看到一个 USB 端口的串口号,如图 2.1-12 所示。

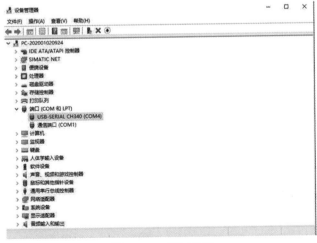

图 2.1-12 端口选择

"Cura 15.02.1"安装好后进入的界面是快速打印模式界面,快速打印的打印参数是已经设置好的,只需要选择打印模式、打印材料、是否加支撑即可切片,耗材直径默认值为2.85mm,需要更改为1.75mm(根据耗材的实际直径,大部分桌面机型都是1.75mm)。

2. Cura 15.02.1 使用

本软件的主要作用是将模型分层切片,并生成 G 代码。将生成的 G 代码导出至 SD 卡,可以实现脱机打印。根据模型结构的不同,生成的路径也不相同。要想合理地生成打印文件,需要对软件中的一些功能熟练操作并设置参数。如下图 2.1-13 所示,左侧为参数栏,有"基本"选项卡、"高级"选项卡及"插件"选项卡等,右侧是三维视图栏,可对模型进行移动、缩放、旋转等操作。

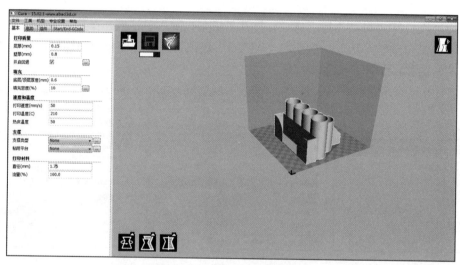

图 2.1-13 Cura 的使用界面

(1)"基本"选项卡。

"基本"选项卡是 Cura 软件中常用的打印参数设置对话框,通过"基本"选项卡可以直接对打印过程中的打印温度、打印速度、填充等进行设置,如图 2.1-14 所示。对于零件结构简单、打印精度和要求不高的模型打印,"基本"选项卡就可以满足使用。"基本"选项卡中的参数及其含义如表 2.1-1 所示。

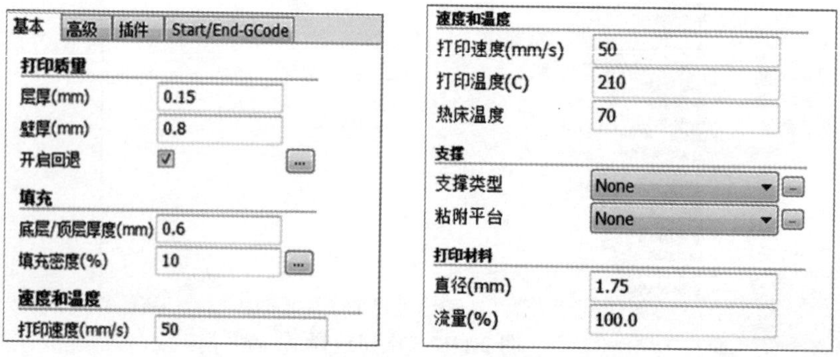

图 2.1-14 "基本"选项卡

表 2.1-1　"基本"选项卡中的参数及其含义

选　项	含　义
层厚	指打印每层的高度，是决定侧面打印质量的重要参数，最大层高不得超过喷头直径的 80%。默认参数为 0.2mm。可调范围为 0.1mm～0.3mm
壁厚	模型侧面外壁的厚度，一般设置为喷头直径的整数倍。默认参数为 0.8mm。可根据需要调为 1.2mm
底层/顶层厚度	指模型上下面的厚度，一般为层高的整数倍。默认参数为 0.75mm。可根据模型需要调整
填充密度	指模型内部的填充密度，默认参数为 18%，可调范围为 0%～100%。0%为全部空心，100%为全部实心，根据打印模型的强度需要自行调整，一般为 20%
打印速度	指打印时喷嘴的移动速度，即吐丝时运动的速度。默认速度为 30.0mm/s，可调范围为 25.0mm/s～50.0mm/s。建议打印复杂模型使用低速，简单模型使用高速，一般使用 30.0mm/s 即可，速度过高会引起送丝不足的问题
打印温度	指熔化耗材的温度，不同厂家的耗材熔化温度不同，默认值为 215℃，可调范围为 200℃～225℃，一般用 215℃
热床温度	指打印过程中的底板温度。默认值为 110℃。PLA 打印一般设置在 45℃，可调范围为 40℃～60℃。超过这个温度范围，模型和底板之间的粘性都不好
支撑类型	指打印有悬空部分的模型时可选择的支撑方式，默认为 None，选择"底部"选项作为部分支撑。系统默认需要支撑起来的悬空部分会自动建起支架提供给模型悬空部分打印平台。如图 2.1-15、图 2.1-16 所示
粘附平台	用哪种方式将模型固定在工作台上，默认为 None。"边界"是指在模型底层边缘处由内向外创建一个单层的宽边界，边界圈数可调。如图 2.1-17、图 2.1-18 所示
直径	是固定值，默认值为 2.85mm，根据实际耗材自行设置，一般常用耗材的直径为 1.75mm
流量	是指对喷头单次工作单位挤出耗材的倍率。可根据打印效果的情况自行调整，如果打印出模型表面有多余堆积挤出，把倍率调小；如果打印出模型耗材输送不足，把倍率调大。可调范围为 70%～120%，一般用 100%

1）支撑类型。

当设计的图形有悬空部分的时候，打印的第一层因为没有支撑，就会出现打印丝下垂的情况，Cura 软件的支撑类型可以自动添加辅助支撑，如图 2.1-15 所示是一个绿巨人的模型。开启部分支撑后，图中所示的圆圈区域就会在打印过程中自动生成支撑，用以保证打印模型的打印效果，防止材料脱落。

图 2.1-15　自动添加辅助支撑类型的效果

选择"全部"支撑类型后，模型所有的悬空部分都创建支撑，如图2.1-16所示。开启全部支撑后，图中所示的圆圈区域就会在打印过程中自动生成支撑。

为了模型后期处理支撑方便，打印有悬空部分的模型一般选择"部分"支撑类型。

图 2.1-16　选择"全部"支撑类型的效果

边缘型（Brim），边缘型会在第一层的周围打印一圈"帽檐"，让 3D 模型与热床之间粘得更好，打印完成时拆除也相对容易，可以解决翘边问题，如图 2.1-17 所示。

基座型（Raft），是指在模型底部和工作台之间建立一个网格形状的底盘，网格有厚度可调。这样会在 3D 模型下面先打印一个有高度的基座，可以保证牢固地粘在热床上，但拆除时不太容易，如图 2.1-18 所示。

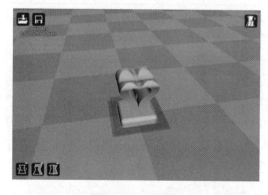 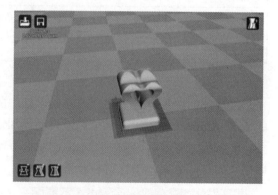

图 2.1-17　边缘型　　　　　　　　　　图 2.1-18　基座型

（2）"高级"选项卡。

"高级"选项卡相对于"基本"选项卡来说，其对设备控制的精细程度进一步加深。它包含了喷嘴孔径、回退以及打印质量的相关层的参数设置和不同打印内容的速度设置。通过"高级"选项卡的合理设置，能够发挥出打印机的性能优势，进一步有效地提高零件的打印质量和效率。"高级"选项卡如图 2.1-19 所示。

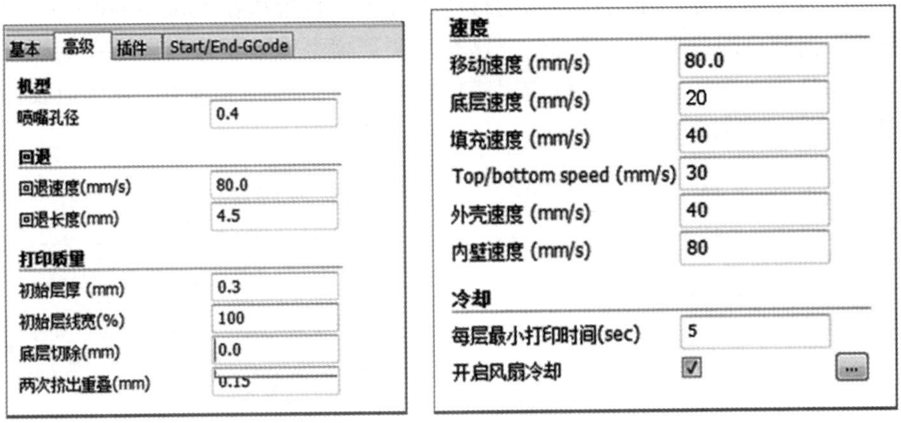

图 2.1-19 "高级"选项卡

"高级"选项卡中的参数及其含义如表 2.1-2 所示。

表 2.1-2 "高级"选项卡中的参数及其含义

选 项	含 义
喷嘴孔径	大小是固定值，过大或过小都会引起送料的异常。默认值为 0.4mm，保持不变
回退	指打印过程中当喷头跨越非打印区域时不吐丝且往回抽丝，以消除打印区域
回退速度	指单次回抽耗材的速度。默认值为 80.0mm/s，可调范围为 80.0mm/s～100.0mm/s。一般根据设备情况自行设置
回退长度	指单次回抽耗材的长度，默认值为 5.0mm，可调范围为 2.5mm～5.0mm
初始层厚	指第一层的打印厚度，这个参数一般和首层打印速度关联使用，稍厚的厚度和稍慢的速度都可以让模型更好地打印完第一层而且更好地粘贴在工作台上。默认值为 0.25mm。可调范围为 0～0.45mm。0 表示使用基本设置里的每层厚度
初始层线宽	指第一层送料量的多少。100%为正常挤出。打印首层时一般需要更多的料来增加模型和底板的粘性，所以这里的默认值为 120%。可调范围为 100%～120%
底层切除	把模型在 MooRobot 3D 放下以后，根据打印需求把模型往下平移出三维视图栏，把需要打印的模型部分留在视图栏内。默认值为 0.0，具体的使用操作如图 2.1-20、2.1-21 所示
移动速度	是指喷头非打印时的行程速度。默认值为 80.0mm/s，可调范围为 70.0mm/s～100.0mm/s
底层速度	指打印第一层时的喷头速度。这个参数一般和首层层高相关，首层打印速度越小，模型和底板越粘。默认值为 20mm/s，可调范围为 15mm/s～35mm/s
填充速度	打印模型里面填充的速度。0 表示和前面设置的基本打印速度相同；默认值 40mm/s 是表示在原来设置的打印速度基础上再加上 40mm/s 的速度。可大大缩短打印时间并不影响模型表面光洁，一般可调范围为 40mm/s～60mm/s
每层最小打印时间	是指打印每层至少要使用的时间，以便为打印每一层有足够的冷却。默认值为 5s，可调范围为 5s～8s
开启风扇冷却	是指打印过程中开启控制风扇（打印机有两个风扇，一个为开机常转风扇不能控制，一个为可控制风扇）协助冷却，打印小模型或者快速打印时必须启动

说明：模型底部切除。在某些特殊的打印情况下，将模型在 MooRobot 3D 放下以后，需要根据打印需要打印模型的上半部分，这是需要把模型往下平移出三维视图栏，把需要打印的模型部分留在视图栏内。可以使用底层切除设置。默认值为 0，具体的底部切除前后效果图如图 2.1-20 和 2.1-21 所示。

图 2.1-20　底部未切除效果图

图 2.1-21　底部切除效果图

(3)"专业设置"对话框。

在 Cura 参数设置中，选择"专业设置"|"额外设置"选项，在此项设置中可以根据不同结构特征的零件，对回退、冷却、裙边、支撑等相关参数进行设置，可以使打印的工艺参数更加符合特殊结构零件的打印需求。专业参数的设置，更多的是根据特殊类型零件的结构特征来专门设置的。它需要在操作者对打印工艺和特点具有相当了解的基础上才可以进行合理设置。"专业设置"对话框如图 2.1-22 所示。

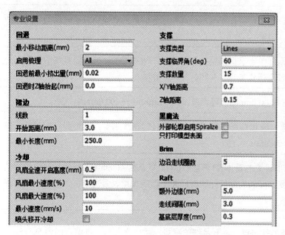
图 2.1-22　"专业设置"对话框

"专业设置"对话框中的参数及其含义如表 2.1-3 所示：

表 2.1-3 "专业设置"对话框中的参数及其含义

选　项	含　义
最小移动距离	指打印过程中经过非打印区域的距离超过设置值会开启回退，默认值是 2mm，也就是说喷头经过非打印区域的距离≥2mm，就会启动回退，一般设置 2mm 最佳。过小，会频繁回退耗材，导致送料器齿轮磨损
回退前最小挤出量	是指回抽前系统默认挤出长度，默认值为 0.02mm，挤出达不到 0.02mm 就不回抽。设置为 0，表示不限制回抽频率。一般设置为 0.02mm
初始层厚	指第一层的打印厚度，这个参数一般和首层打印速度关联使用，稍厚的厚度和稍慢的速度都可以让模型更好地打印完第一层，从而更好地粘贴在工作台上。默认值为 0.25mm。可调围为 0~0.45mm。0 表示使用基本设置里的每层厚度
线数	是在模型外设置距离内生成一个和模型底层形状一样的线圈。外廓线和边界网格冲突，同时开启只会打印边界和网格。外廓线圈数为线圈圈数，默认值为 1，可调范围为 1~3
开始距离	是指外廓线第一圈与模型边缘的距离，默认值为 3.0mm。可调范围为 2.0mm~5.0mm。一般为 3.0mm
最小长度	默认值为 250.0mm 时测试达到最佳，不用更改
风扇全速开启高度	是指风扇达到最大转动速度时冷却面积的高度，固定默认值不用更改
风扇最小/大速度	是指正常打印情况下风扇的使用率，100%为完全使用，默认值为 100%。一般使用 100%
最小速度	是指每层打印使用的最小速度。默认值为 10mm/s，不用更改
喷头移开冷却	是指每层最少冷却用时满足不了冷却时，每层打完自动抬起喷头冷却，接着再打印下一层。默认不开启，一般不开启，以免延长打印时间
填充顶层	为实心打印模型的最上层，默认勾选，可根据模型自调。一般打印无盖的瓶子等无需封顶的模型时可以禁用此项
填充底层	打印模型的最下层，默认勾选，可根据模型自调。一般打印无底的楼房等无需底层的模型可以禁用此项
填充重合	指内部填充与模型外壁的重叠度的百分比，默认值为 10%。一般为 10%最佳，过高会影响打印模型的表面质量，容易在表面形成缺陷
支撑临界角	判定模型倾斜表面打印，是否添加支撑的依据。可根据模型结构自行设置
支撑数量	为打印支撑的密度，基本设置为有支撑，默认值为 15%，可调范围为 10%~30%。密度过小时，支撑提供的打印平台太稀疏不利于打印；密度过大时，不利于后期支撑拆除。15%为最佳
X/Y 轴距离	为支撑和打印模型实体之间的水平距离，默认值为 0.7mm。距离过大会影响支撑效果；距离过小会影响后期处理，一般为 0.7mm 最佳
Z 轴距离	为支撑和打印模型实体之间的垂直距离，默认值为 0.15mm。距离过大会影响支撑效果；距离过小会影响后期处理，一般为 0.15mm 最佳
黑魔法	勾选时不论快慢启用 Spiralize，在 Z 轴方向帮助打印光滑，打印过程中会稳固增加 Z 轴移动量。勾选只打印模型表面，勾选后模型将不封顶并自动设置填充密度为 0，一般用于打印花瓶、杯子等单层壁厚的模型
边沿走线圈数	是指设置打印边界后边界打印的圈数，默认值为 5，可调范围为 5~20。一般用 10

第二节 3D 打印机的操作

1. 3D 打印机的控制操作

在开源技术的基础上,很多不同型号和规格的 3D 打印主板纷纷面世。例如 Melzi、Ramps1.4 等。有些操作界面用英文显示,对于非专业人士或英语基础薄弱的人员来说难以较快熟练地操作。随着近些年来技术的发展,国内很多企业和团队都有了汉化操作界面的能力。本书主要介绍由创必得科技有限公司开发的赤兔主板,如图 2.2-1 所示。其特点是中文界面,便于操作。其主要参数设置如下所述,外观尺寸:150mm*100mm,微处理器:STM32,输入电压:12～24V 10～15A,电源接口:普通型/适配器圆形接口,电机驱动器:Allegro A4988,电机驱动接口:5 路 16 细分,温度传感器接口:3 路 100K NTC(热敏电阻)、2 路 MAX6675(热敏电偶),彩色触摸屏:2.8 英寸、3.5 英寸,TFT 支持机器结构:XYZ 型、Ultimaker 型、Hbot 型、三角洲支持 MK2, MK3 热床支持 SD 卡更新固件方形 USB,方便插拔,通信波特率 115200 支持文件格式:G-code,推荐使用软件:Cura、Repetier-host、Makerware。

图 2.2-1 打印机的电器组成部分

为操作方便,显示屏一般采用 2.8 英寸彩色触摸屏,操作界面可显示所有的图文内容,并可离线打印,触摸屏美观大方、易操作,其开机显示界面主要分为系统和工具两个选项,如图 2.2-2 所示。

图 2.2-2 触摸屏的开机显示界面

（1）系统选项：该选项支持中/英双语显示、出厂设置、屏幕校正和 WIFI 功能，如图 2.2-3 所示，从屏幕中可以完成 3D 打印机的基本操作。

单击"机器信息"按钮可以显示型号、系统 ID、版本、声音，如图 2.2-4 所示。

图 2.2-3　系统选项　　　　　　　　　图 2.2-4　机器信息

（2）工具选项：该选项支持手动、预热、装卸耗材、调平、风扇、紧急停止等功能，如图 2.2-5 所示。再次单击各个按钮，则会出现对应的功能，如单击"手动"按钮，则会出现如图 2.2-6 所示的各轴移动选项。

 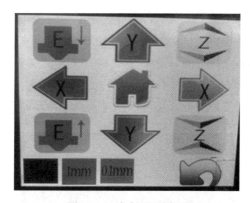

图 2.2-5　工具选项　　　　　　　　　图 2.2-6　各轴移动选项

对于赤兔主板来说最大的特点是可以脱离计算机操作，只要有 G 代码就可以实现打印，其中包括更新主板固件，这样可以实现 3D 打印设备直接放入车间，而且固件参数修改非常简单，由于这款主板的所有固件都是"小蚂蚁工作室"自己编辑的，并将所有参数导出放入一个 G 文件（机器完整参数_V1.2.7.gcode）中来让使用者修改参数，包括电机参数、工作台大小、行程开关位置、温度等，如图 2.2-7 所示。修改完后通过 SD 卡，单击"打印"按钮就可以实现了。

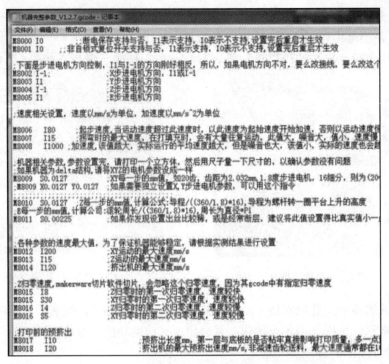

图 2.2-7　固件文件

在 SD 卡导入 G 代码，插入到赤兔主板中，即可开始使用。使用中发现，第一次插入时读取 SD 卡数据有点慢，其他时候基本实现即插即用，自动更新，显示速度非常快。在打印过程中，可以随时通过屏幕观察打印数据，包括打印时间、剩余时间、速度等，如图 2.2-8 所示。还可以通过工具选项实时调节打印数据，如图 2.2-9 所示。

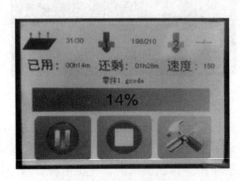

图 2.2-8　打印显示信息

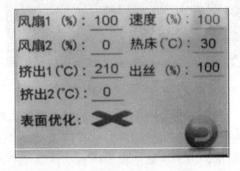

图 2.2-9　打印参数的实时调节

2.　3D 打印机的平台调校

（1）调平打印平台。

现在市场上的 3D 打印机品牌多样，功能也越来越先进和齐全。但是不管是哪一款 3D 打印机，都会遇到平台调平的问题。每一次打印完成后，在将打印零件取下的过程中，都会对平台相对喷头的位置有所影响。为保证后续打印的零件精度，最好对打印平台都做一次调平。现在很多 3D 打印系统都有自动调平功能,操作起来简单方便。为了进一步了解平台调平的过程和原理,我们以 DreamMaker 的打印平台调平为例进行讲解。DreamMaker 平台调平分为粗调和精调两种。如果长时间未使用打印机,建议在粗调结束后进一步精调;如果是取下平台剥离模型后又放回这种常规情况,可以直接跳过粗调这步,直接进行精调。

1)粗调

保证平台归位时,肉眼观察平台和喷头保持 0.5mm 左右的合理距离。注意,这里的 0.5mm 是个估计值,表明粗调后喷头离打印平板相当近,但是又没有完全接触的一种状态。

① 调节限位开关位置,以调整平台归位时与喷头的距离。

手动将喷头顺着十字杆移动到平台中央,顺时针旋转 Z 轴联轴器,将平台调整至可以碰到打印机背面的 Z 轴方向限位开关的位置,如图 2.2-10 所示。

 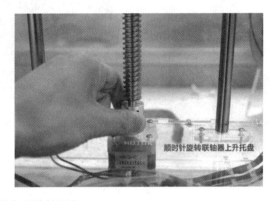

图 2.2-10　限位开关的调节

如果在触发限位开关之前,平台就与喷头接触了,如图 2.2-11 所示表明限位开关位置太高。控制平台距离喷头在 0.5mm 左右,向上调整平台与限位开关接触的小机构上的螺丝,使它能顶到限位开关,在听到轻微的"咔哒"声后,表明限位开关正好被平台触发。这样可以消除之前的距离误差。

图 2.2-11　打印头与限位开关的调节

在碰到限位开关时，如果平台与喷头还有一定的距离（>0.5mm），表明限位开关位置太低，可以适当向下调整与限位开关接触的小机构上的螺丝，使平台在触发限位开关时与喷嘴距离保持在 0.5mm 左右。

② 分别调整平台四角螺丝，使平台水平。要调整平台水平度，可以通过依次拧紧或者拧松平台四角的螺丝实现。因为喷头一直做标准的平面运动，可以用它做平台水平度的校准器。将喷头从平台中央移动到平台某一角，比如左下角。观察喷头与平台的距离，顺时针拧紧或者逆时针拧松平台左下角的螺丝，控制喷头与平台的距离在 0.5mm 左右。移动喷头至平台其他三个角，重复之前的动作，使得平台四角都与喷头距离 0.5mm。最后移动喷头到平台中央，微调四角的螺丝，这样平台整个平面都距离喷头 0.5mm 左右，理论上是水平了，如图 2.2-12 所示。

图 2.2-12　喷嘴的调平

注意：在整个操作过程中，避免平台与喷头有过多摩擦，防止喷头损坏。

2）精调

这个过程简单来说就是运行 SD 卡中的自动调平程序 Level_V1.5.gcode，进一步缩小喷头与平台的距离（大约一张 70g A4 纸的厚度）。

① 运行 SD 卡中的自动调平程序 Level_V1.5.gcode，安装好打印平台后，给打印机接上电源（用电源适配器连接 100~240V 的电压），在显示屏右方卡槽内插入 SD 卡。按下显示屏右下的旋钮，进入程序菜单，选择"Card Menu/Print from SD"选项，找到名为"Level_V1.5.gcode"的文件，当光标指向它的时候按下旋钮运行。在程序的运行过程中，打印机会频繁出现"wait for user"的字样，表明程序等待操作者按下旋钮，才会进入下一步动作。

在调平之前，先讲一下程序的整体动作。喷头会先移动到平台中央，之后依次移向平台四角，重复两次，最后回到平台中央。喷头移动到每一个角时，都会暂停等待调平操作，调平完后按下旋钮进入下一步。喷头前后两次移动到平台中央，可以观察调平前和调平后的区别。最后程序会打印一个样例方框，看调平后打印的效果。在调平过程中不要用手接触喷头，或者移动喷头。具体的调平操作，请看下一步骤。

② 继续缩小平台与喷头的距离（大约一张 70g A4 纸的厚度），按下旋钮，喷头移向平台中央，停顿；再次按下旋钮，喷头开始移向打印平板左下角，停顿。当喷头在平台角落暂停时，肉眼观察喷头与平板间的距离，理想的间距是双方刚刚接触而不产生压力。

非理想状态下间距会有两种情况。A：太大。如果喷头和平板间有肉眼可见的间隙（>0.05mm），拧松打印平台该角落的螺丝，释放压簧，让打印平台的这一角略微上抬，直到刚刚触碰喷头。B：太小，甚至这个距离是负的。如果喷头和平板间距离过小，在喷头运动过程中与平台发生刮擦的现象，请立刻关闭打印机电源，以防喷头过度损坏，并参照前面的粗调内容。这里注意喷头和平板只是看起来接触了，实际上两者互相不受到对方的压力。继而在喷头下插入一张白纸（70g A4纸），并左右滑动白纸验证。理想状况是，在看起来接触的喷头和平板间，白纸能够自由滑动，没有明显的摩擦感。如果喷头与平板间仍有肉眼可见的距离，则逆时针拧松平台上该角落处的螺丝，减小平台和喷头的距离，并保证这个距离能够自由无摩擦感地移动白纸，如图 2.2-13 所示。

图 2.2-13　调整喷头与平台的距离

注意事项：

1）如果白纸插不进喷头与平板之间，表明喷头与平板间距太小，此时顺时针拧紧平台上该角落的螺丝，直到白纸刚好能够插入喷头与平板之间，并且能自由滑动。这样，既保证了喷头能在平台上无障碍滑动，又保证了打印时从喷头挤出的 PLA 能顺利凝固在平板上。

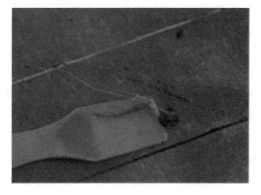

2）使用螺丝刀时，尽量不要往下用太大的力，以防平台下陷，给调平的观察带来麻烦。这样就初步调整好了平台的一个角落。按下旋钮进入下一步，打印喷头移动到平台右下角处，按照如上操作调整好右下角的螺栓。如此打印喷头走过平台的四个角落，四个角落的螺栓也一一得到调整。这个过程会重复一遍，当喷头再次走向平台的四个角落并停下时，按照相同的步骤对四个螺栓再做一次校验调整，减小第一次调整的误差。

③ 打印样例方框。喷头回到原点后，继续按下旋钮，开始打印样例方框的程序。喷

头开始加热到 220℃，需要等待一段时间，随后喷头开始吐丝打印样例方框。如果方框线粗细均匀，无拉丝、断裂现象，表明平台已经调整至可接受打印件的状态。否则表明平台没有完全调平，需要回到第二步重新调平，如图 2.2-14 所示。

图 2.2-14　打印样例方框

注意：在运行程序的过程中，喷头处于高温状态，请谨慎操作。切勿用身体任何部位或易燃易爆物品靠近或接触喷头。

④ 最后用小铲刀清洁平台表面方框和滴落的残余 PLA，调平完成。在之后使用 Cura 软件的过程中，将"Advanced—Initial Layer thickness"值改为 0.25mm（约为一张纸的厚度）。

当喷头挤出的丝料不能黏在打印平板上，或者间断性地黏在平板上的时候，表明喷头与平板的距离太远。这时候应当逆时针拧松平台上的螺丝，轻微释放弹簧压力，减小喷头和平板间的距离。这里需要注意：即使挤出的丝料完全黏在平板上，而没有被平板和喷头挤压变粗或变平的迹象（比如呈现圆柱状），喷头和平板间的距离还是可以缩小一些的，以便打印件能与平板完美贴合。

在保证喷头不堵塞的情况下，当喷头滑过打印平板，在蓝胶布上留下刮痕而不流出任何 PLA 丝料时，表明喷头与平板间的距离太小。这时应当迅速关闭打印机开关，并且顺时针拧紧平板上的螺丝，增大平板与喷头的间隙。一方面喷头在蓝色胶布上的刮擦可能带来蓝色胶布碎屑堵塞打印喷头，另一方面由于 PLA 丝料一直处于输送状态，这样运行一段时间后，积攒在喷头内不能及时流出的 PLA 丝料会在喷头离开打印平板时喷出，破坏打印件。

总之，平台的调平是打印操作之前非常重要的一步。经过一段时间的使用后，相信用户对打印平台的调平技巧也会有独到的体会。

3. 上料

此时送料管内因为没有打印"墨水"的 PLA 而需要上料，请准备好一卷与 DreamMaker 配套的 1.75mm PLA 线材，并提前将它安装在料架上，之后按照如下步骤给打印机上料。

(1)给打印机接上电源（电源适配器适用于100～240V的电压）。

(2)按下显示屏右下角的旋钮，进入程序菜单，旋转旋钮并移动光标至"Prepare"，按下旋钮，旋转旋钮选中"PreheatPLA"按下。

(3)显示屏界面左上角开始显示喷头自动加温，在这一段时间里，打印喷头会升温到220℃。

(4)在打印喷头升温的过程中，将准备好的那卷PLA线材抽出30cm，用剪刀剪去可能不规则的头端，然后掰直材料，放在手边等待上料，如图2.2-15所示。

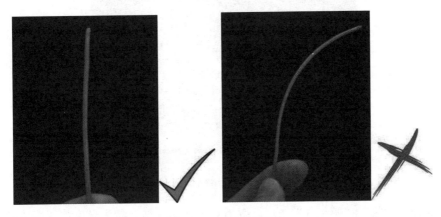

图2.2-15　安装打印丝

(5)当屏幕显示打印喷头的温度达到220℃后，这时如果喷头中有PLA残余，PLA将顺着喷头流下。现在可以将PLA线材从送料机下方的送料小孔往上直塞顶入两个送料轮之间。如果感到顶入困难，可以一手轻轻向后掰压紧机构，压缩弹簧增大两个挤出轮之间的间隙，另一只手继续塞入PLA线材，直到PLA线材被两个挤出轮夹住。压紧机构小孔卡爪，如图2.2-16所示。

图2.2-16　安装送丝机构

(6)继续向上顶入PLA线材，直到可以看到PLA线材超过图示卡爪进入送料管。在这个过程中如果感到PLA线材被挡住无法进入送料管，请用手旋下卡爪下方的夹持扣螺母,将送料管与挤出机构分离。之后向上顶入 PLA 线材,直到 PLA 线材穿出挤出机构 50mm 左右,用手将 PLA 线材穿入送料管,再旋好螺母,重新连接好送料管和挤出机构。

(7)持续顶入将 PLA 线材送至打印喷头,直到喷头小孔里开始流出熔化的 PLA,且流出速率会与挤入速率成正比,如图 2.2-17 所示。如果没有 PLA 流出,请检查喷头是否堵塞。

图 2.2-17 流出熔化的 PLA

(8)选择"预热"|"喷头 1"选项,取消喷头加热功能。喷头温度将逐渐冷却至室温,上料过程结束。如果在上料后需要立即打印,可以直接进入 SD 卡菜单进行打印操作。

4. 退料

当料架上剩余的料不足以满足下一次打印时,或者想更换打印颜色时,需要手动进行退料操作,然后给打印机换上一卷新料。

(1)给打印机接上电源。

(2)按下显示屏右下角的旋钮,进入程序菜单,旋转旋钮并移动光标至"Prepare",按下旋钮,旋转旋钮选中"PreheatPLA"并按下。

(3)显示屏界面左上角开始显示喷头自动加温,在这一段时间里,打印喷头会一直升温直到 220℃。当屏幕显示打印喷头温度到达 220℃后,从送料机构下端向下缓慢拉出 PLA 线材。

(4)当 PLA 线材头部将要退出送料管前,停止拉出 PLA 线材的操作,用手旋开挤出机构上的夹持扣螺母(力气不够可以使用扳手)。用剪刀剪去熔融变形的线材头部,之后继续下拉 PLA 线材,直到它完全退出挤出机构。

(5)如果需要换料,紧接着您可以参考上一小节进行上料操作;如果不用,选择"预热"|"喷头 1"选项,取消喷头加热功能。喷头温度将逐渐冷却至室温,上料过程结束。绕好退出的 PLA,并从料架上取下。PLA 是可降解的塑料,请用合理的方式处理余料。

第三章 设 计

第一节 3DOne Plus 概述

3DOne Plus（下简称 3DOne）软件界面简洁、功能强大、操作简单、易于上手，重点整合了常用的实体造型和草图绘制命令，简化了操作界面和工具栏，实现了 3D 设计和 3D 打印软件的直接连接，为学生提供一个简单易用、自由畅想的 3D 设计平台，3DOne 软件界面如图 3.1-1 所示。让教学更立体，学习更轻松！

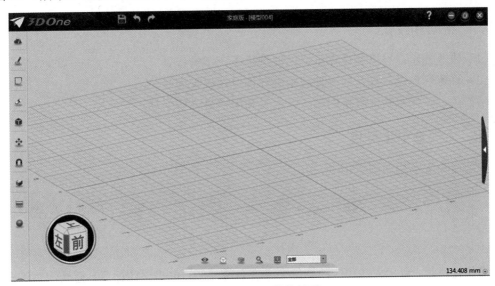

图 3.1-1　3DOne 软件界面

1. 主菜单

（1）新建：选择"新建"选项，建立一个案例进行设计，主菜单如图 3.1-2 所示。

（2）打开：用于打开存储在本地磁盘中的案例，其默认格式是 Z1。

（3）导入：可导入第三方格式文件，包括 Z3PRT、IGES、STP 和 STL 这 4 种格式。

（4）保存：保存编辑完成后的案例到本地磁盘和云盘，其默认格式是 Z1。

（5）另存为：把案例另存到另一个文件夹中，默认格式是 Z1。

（6）导出：导出案例，导出格式支持 IGES、STP、STL、JPEG、PNG 和 PDF。

图 3.1-2　主菜单

2. 标题栏

标题栏用于显示当前编辑的案例名称，如图 3.1-3 所示。

图 3.1-3　标题栏

3. 帮助和授权

（1）快速提示：提供快速提示，以便进行下一步操作。

（2）许可管理器：打开许可管理器进行许可授权管理。

（3）关于：显示软件版权归属、版本号和用户目录等信息。

4. 主要命令工具栏

主要命令工具栏如图 3.1-4 所示。

图 3.1-4　主要命令工具栏

操作软件时，鼠标放在相应的图标上会有名称显示，单击该图标后，会显示二级图标，鼠标移动到二级图标上会显示相应的名称，例如基本实体中的二级图标六面体、球体。

（1）基本实体：六面体、球体、圆柱体、圆锥体、椭球体。

（2）绘制草图：矩形、圆形、椭圆、正多边形、直线、圆弧、多段线。

（3）特征造型：拉伸、拔模、扫掠。

（4）特殊功能：曲线分割、实体分割、抽壳、圆柱折弯。

（5）基础编辑：移动、缩放、阵列、镜像。

（6）组合编辑：将不同的形状进行组合。
（7）测量距离：测量两点之间的距离。
（8）材质渲染：为材质加上渲染效果。

5. 平面网格

平面网格帮助用户确定位置，可以选择关闭或者显示。平面网格能实现点捕捉，也就是可以在平面网格上选取所需要定义的任何点，也可以在定义草图平面时，捕捉 3D 栅格的任意位置，如图 3.1-5 所示。

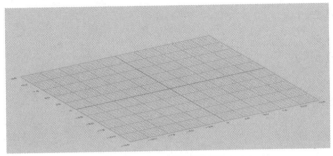

图 3.1-5　平面网格

6. 案例资源库

在案例资源库中可以查看本地磁盘、社区精选和云盘的案例库，直接调用各种现成的模型，如图 3.1-6 所示。

7. 视图导航

视图导航用于指示当前视图的朝向，多面骰子的 26 个面均可被单击，单击后界面即会在视图中显示该面的朝向，如图 3.1-7 所示。

图 3.1-6　案例资源库

图 3.1-7　视图导航

8. DA 工具条

DA 工具条如图 3.1-8 所示。

图 3.1-8 DA 工具条

该工具条具有以下几个方面的功能。
（1）查看视图。
（2）显示模式。
（3）隐藏和显示。
（4）合理缩放。
（5）3D 打印。
（6）视图区过滤器。

第二节 基本命令的应用

1. 基本体造型

单击左侧工具条，单击"基本实体"按钮，将其拖放至网格面上，通过编辑尺寸来确定长方体的尺寸，或者拖拉其红色箭头，改变其尺寸。在 3DOne 软件中，尺寸的默认单位为毫米（mm）。界面显示中省略了尺寸的单位，如图 3.2-1 所示。

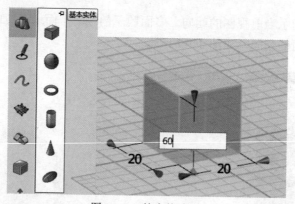

图 3.2-1 基本体造型

2. 草图绘制

矩形绘图：单击左侧工具条，选择绘制草图的形状，在相应的平面网络上绘制草图并编辑尺寸，单击"✓"按钮，如图 3.2-2 所示。

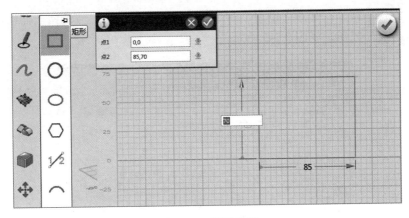

图 3.2-2 矩形绘图

注意：绘制的平面草图如果是封闭的轮廓，单击确定后形成平面，如图 3.2-3 所示；若不封闭，则形成曲线。

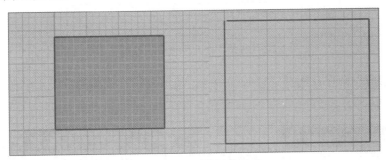

图 3.2-3 平面草图的轮廓

3. 草图编辑

（1）"圆角"命令：选择"圆角"命令，拾取要进行圆角过渡的两条曲线，编辑圆角半径，单击"✓"按钮，如图 3.2-4 所示。

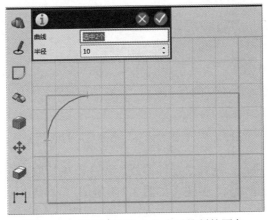

图 3.2-4 选择"圆角"命令后绘制的圆角

（2）"倒角"命令：选择"倒角"命令，拾取要进行倒角过渡的两条曲线，编辑倒角距离，单击"☑"按钮，如图3.2-5所示。

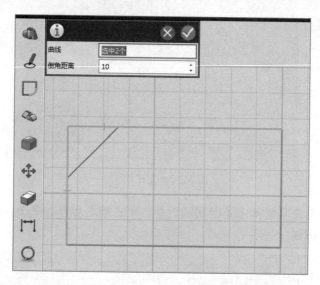

图 3.2-5　选择"倒角"命令后绘制的圆角

（3）"修剪"命令：选择"修剪"命令，拾取要进行修剪的直线，单击"☑"按钮，如图3.2-6所示。

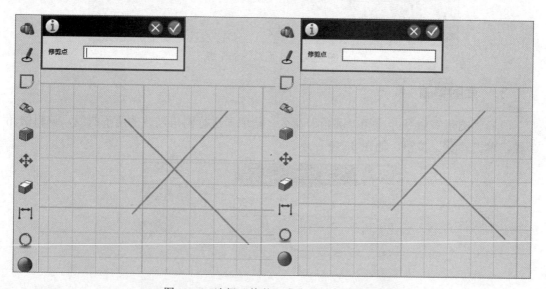

图 3.2-6　选择"修剪"命令后绘制的直线

（4）"延伸曲线"命令：选择"延伸曲线"命令，先拾取要延伸的曲线，再拾取曲线要达到的终点曲线，单击"☑"按钮，如图3.2-7所示。

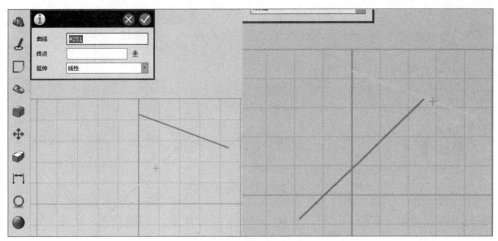

图 3.2-7 选择"延伸曲线"命令后绘制的图形

（5）"偏移曲线"命令：该命令用于绘制平行、等距的轮廓，选择"偏移曲线"命令，拾取要进行偏移的曲线，编辑偏移距离，勾选偏移性质，单击"✔"按钮，如图 3.2-8 所示。

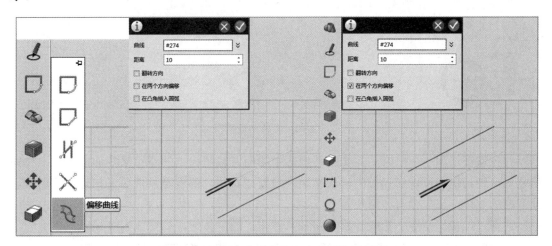

图 3.2-8 选择"偏移曲线"命令后绘制的图形

4. 特征造型功能

拉伸特征造型——拉伸就是让选中的面域沿直线形成线材类的形状，就像门窗型材等挤出模具生产的东西，拉伸可以设置倾斜，形成锥状体，但是轴线一定是直线。

单击"特征造型"按钮，选择"拉伸"命令，拾取绘制好的面轮廓，编辑尺寸，设置拉伸类型，完成造型，如图 3.2-9 所示。

旋转特征造型——旋转是通过将路径曲线或轮廓（直线、圆、圆弧、椭圆、椭圆弧、闭合多段线、多边形、闭合样条曲线或圆环）绕指定的轴旋转创建一个近似于旋转曲面的多边形造型。

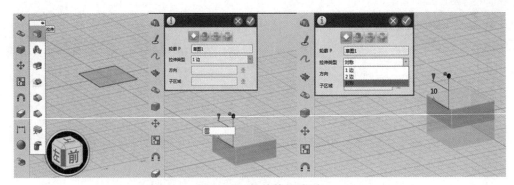

图 3.2-9　拉伸特征造型

单击"特征造型"按钮,选择"旋转"命令,拾取绘制好的面轮廓,选择"旋转轴线"选项,编辑旋转角度,单击"✓"按钮,如图 3.2-10 所示。

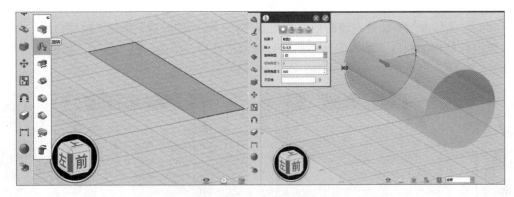

图 3.2-10　旋转特征造型

扫掠特征造型——扫掠,其实就是把选中的面域按照指定的路径来拉伸成实体,拉伸是它的一种特例,可以在扫掠的时候把路径设置成直线,那就是拉伸了,扫掠主要用来创建弯曲的实体,比如弹簧和弯头等。

选择"扫掠"命令,拾取轮廓和路径,单击"✓"按钮,如图 3.2-11 所示。

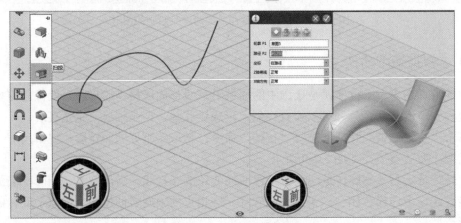

图 3.2-11　扫掠特征造型

注意：扫掠特征造型中绘制的轮廓截面与路径曲线需要构建不同的草图平面，两者不在同一绘图平面内。

放样特征造型——放样是将一个二维形体对象作为沿某个路径的剖面，而形成复杂的三维形体对象。我们可以利用放样来实现很多复杂模型的构建。

轮廓放样：选择"放样"命令，顺次拾取不在同一位置面内的轮廓，设置放样类型，单击"✓"按钮，如图 3.2-12 所示。

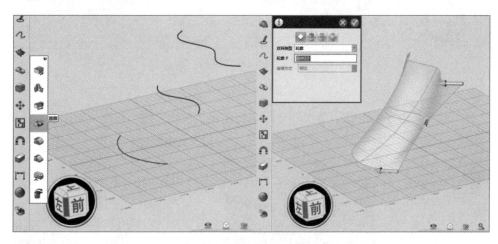

图 3.2-12　轮廓放样

轮廓终点放样：设置终点和轮廓类型放样，拾取绘制的多边形和直线的终点，单击"✓"按钮，如图 3.2-13 所示。

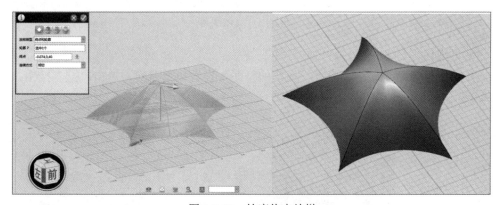

图 3.2-13　轮廓终点放样

（1）"圆角"命令。

选择"圆角"命令，拾取造型中的边，编辑圆角尺寸，单击"✓"按钮，如图 3.2-14 所示。

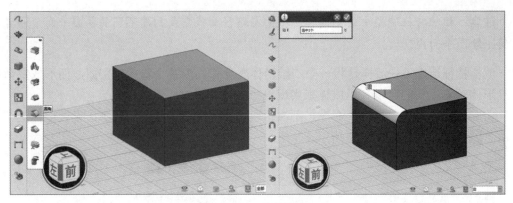

图 3.2-14 实体圆角

(2)"倒角"命令。

选择"倒角"命令,拾取造型中的边,编辑距离,单击"✓"按钮,如图 3.2-15 所示。

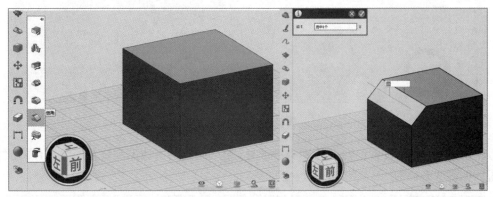

图 3.2-15 实体倒角

(3)"拔模"命令。

选择"拔模"命令,拾取要进行拔模的平面,设置拔模参数,单击"✓"按钮,如图 3.2-16 所示。

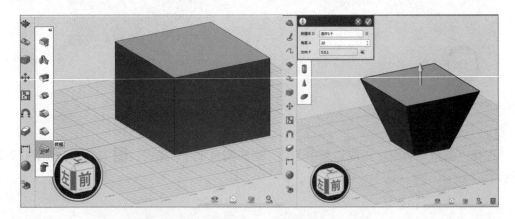

图 3.2-16 实体拔模

(4)"由指定点开始变形实体"命令。

选择"由指定点开始变形实体"命令,选择要变形实体的平面,拾取变形的点,确定方向,设置尺寸,单击"✓"按钮,如图 3.2-17 所示。

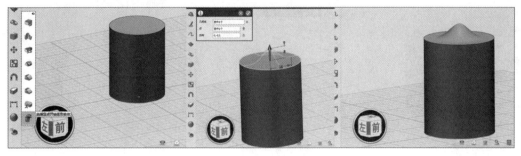

图 3.2-17　由指定点开始变形实体

5. 特殊功能

(1)"抽壳"命令。

选择"抽壳"命令,拾取实体,编辑抽壳的厚度,选择开放的表面,单击"✓"按钮,如图 3.2-18 所示。

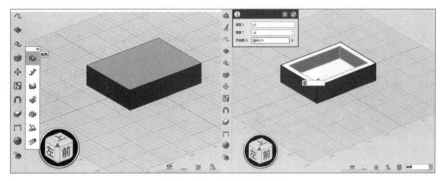

图 3.2-18　"抽壳"命令

(2)"扭曲"命令。

选择"扭曲"命令,拾取实体,选择基准面,编辑扭曲角度,单击"✓"按钮,如图 3.2-19 所示。

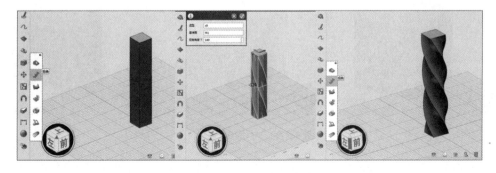

图 3.2-19　"扭曲"命令

(3)"圆环折弯"命令。

选择"圆环折弯"命令,拾取实体,选择基准面,设置参数、角度,单击"✓"按钮,如图 3.2-20 所示。

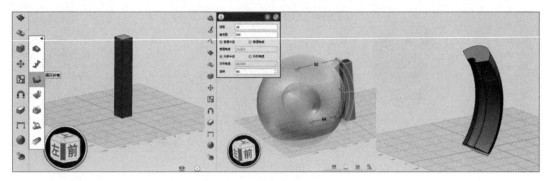

图 3.2-20 "圆环折弯"命令

(4)"实体分割"命令。

选择"实体分割"命令,拾取实体,选择分割的曲线,单击"✓"按钮,删除多余的实体部分,如图 3.2-21 所示。

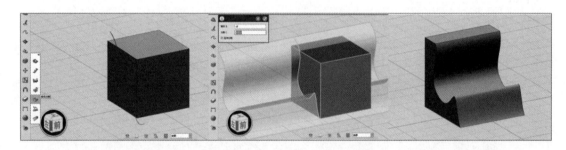

图 3.2-21 "实体分割"命令

(5)"锥削"命令。

选择"锥削"命令,拾取实体,选择一个基准面,编辑锥削因子,再编辑锥削长度,单击"✓"按钮,如图 3.2-22 所示。

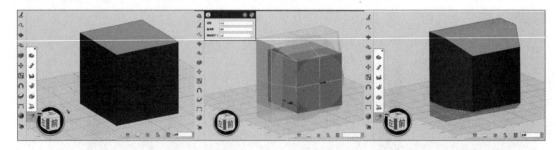

图 3.2-22 "锥削"命令

6. 基本编辑

（1）"移动"命令。

选择"移动"命令，拾取要移动的实体，确定起始点和目标点，实现点到点移动，单击"✓"按钮，如图 3.2-23 所示。

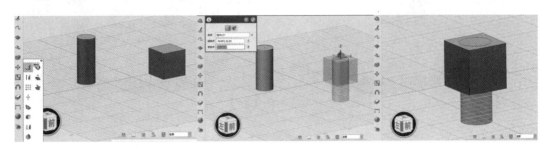

图 3.2-23 "移动"命令

（2）"动态移动"命令。

选择"动态移动"命令，拾取要移动的实体，调整 X、Y、Z 轴沿垂直方向移动，编辑数值，确定移动距离，调整转动坐标轴，实现旋转移动，单击"✓"按钮，如图 3.2-24 所示。

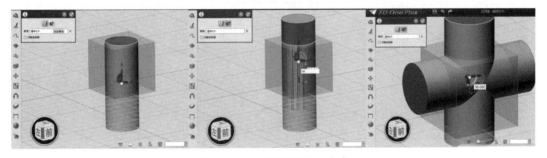

图 3.2-24 "动态移动"命令

（3）"线性阵列"命令。

选择"线性阵列"命令，拾取要阵列的实体，编辑方向、数量、间距，单击"✓"按钮，如图 3.2-25 所示。

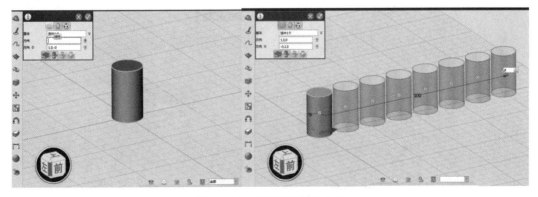

图 3.2-25 "线性阵列"命令

(4)"圆形阵列"。

选择"圆形阵列"命令，拾取要阵列的实体，编辑阵列的方向、数量、角度，单击"✓"按钮，如图 3.2-26 所示。

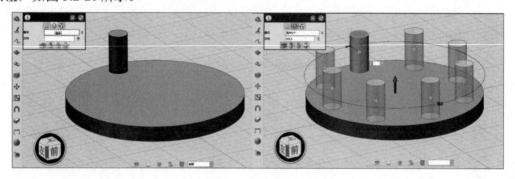

图 3.2-26 "圆形阵列"命令

(5)"镜像"命令。

选择"镜像"命令，拾取实体、平面或曲线，选择镜像方式，拾取镜像的两个端点，单击"✓"按钮，如图 3.2-27 所示。

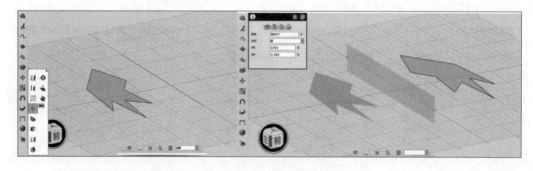

图 3.2-27 "镜像"命令

(6)"DE 移动"命令。

选择"DE 移动"命令，拾取需要移动的平面，调整坐标轴方向的尺寸，单击"✓"按钮，如图 3.2-28 所示。

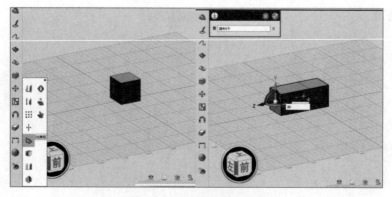

图 3.2-28 "DE 移动"命令

第三节 打印机零部件建模

1. 轴承滑块建模

轴承滑块建模零件图如图 3.3-1 所示。

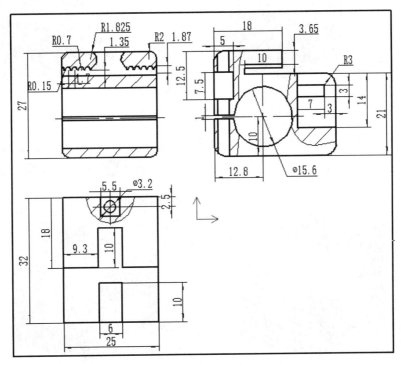

图 3.3-1　轴承滑块建模零件图

操作步骤：

（1）绘制二维草图后再拉伸实体。

选择草图绘制网格面，绘制如图 3.3-2 左侧图所示的轮廓，单击"✓"按钮，选择"拉伸"命令完成造型（右侧图）。

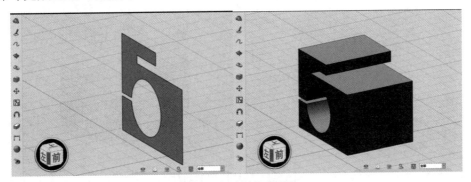

图 3.3-2　绘制网格面

(2) 切割实体。

1) 选择零件上表面作为二维绘图平面,绘制如图 3.3-3 所示的轮廓,单击"✓"按钮,选择"拉伸"命令,编辑拉伸方向,向下做减运算,切割实体上部。

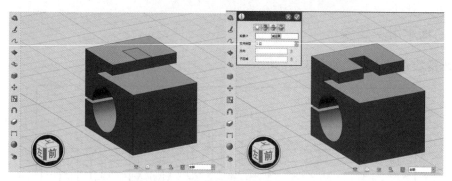

图 3.3-3　二维绘图平面完成部分切割

2) 选择如图 3.3-4 所示的平面作为二维绘图平面,绘制如下图所示的矩形平面,选择"拉伸"命令拉伸该平面,编辑尺寸并进行减运算,单击"✓"按钮,完成下部开槽。

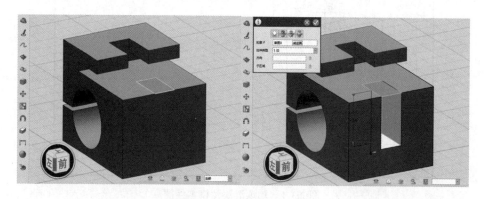

图 3.3-4　完成下部开槽

3) 选择如图 3.3-5 所示的平面作为二维绘图平面,绘制如下图所示的矩形平面,选择"拉伸"命令拉伸该平面,编辑尺寸并进行减运算,单击"✓"按钮,完成实体内部的切割。

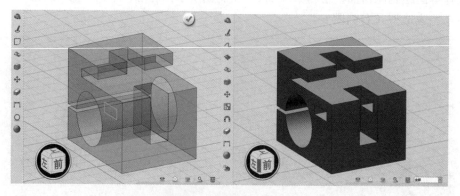

图 3.3-5　实体内部的切割

4）选择实体上表面绘制如图 3.3-6 所示的平面，选择"动态移动"命令，将绘制的平面沿着 Z 轴向下移动-5mm，单击"✓"按钮，再利用拉伸功能向下拉伸-7.5mm，并做减运算，单击"✓"按钮，完成切割实体，如图 3.3-7 所示。

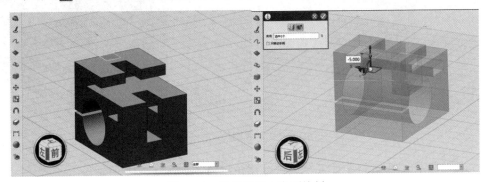

图 3.3-6　选择实体上表面绘制

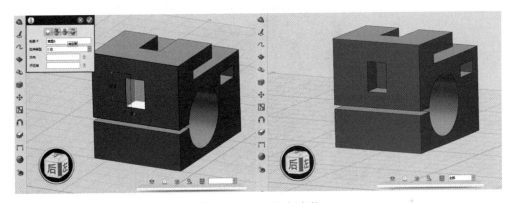

图 3.3-7　完成切割实体

（3）添加圆柱孔。

1）选择基本实体圆柱体，放置于实体上表面轮廓线的中点，编辑尺寸直径为 1.6mm，长度-40mm，单击"✓"按钮，如图 3.3-8 所示；选择"动态移动"命令，将圆柱沿着 Y 轴移动 2.5mm，运用组合方式中的减运算，单击"✓"按钮，完成圆柱孔的造型，如图 3.3-9 所示。

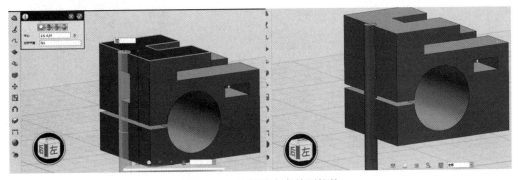

图 3.3-8　选择基本实体圆柱体

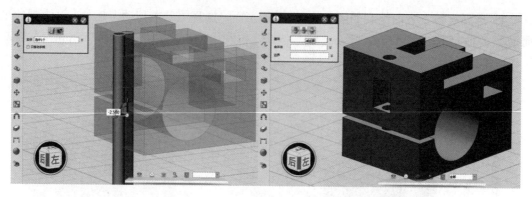

图 3.3-9　完成圆柱孔的造型

2）按照零件图要求将零件各个边进行圆角过渡，如图 3.3-10 所示。

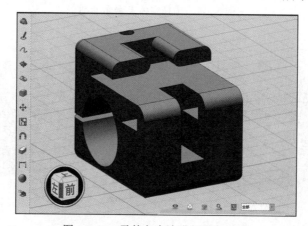

图 3.3-10　零件各个边进行圆角过渡

（4）添加带齿轮廓的造型。

选择如图 3.3-11 所示的平面位置绘制带齿的二维草图，再选择"拉伸"命令，编辑长度尺寸，并进行加运算，单击"✓"按钮，完成带齿轮廓的造型，如图 3.3-12 所示。

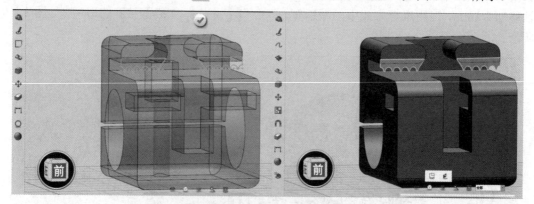

图 3.3-11　绘制带齿的二维草图

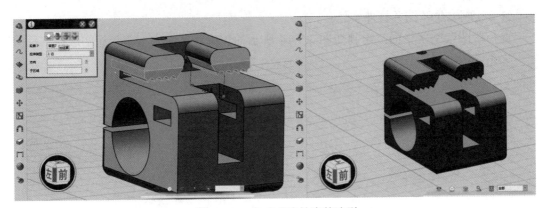

图 3.3-12 完成带齿轮廓的造型

2. 上挤压板建模

上挤压板建模如图 3.3-13 所示。

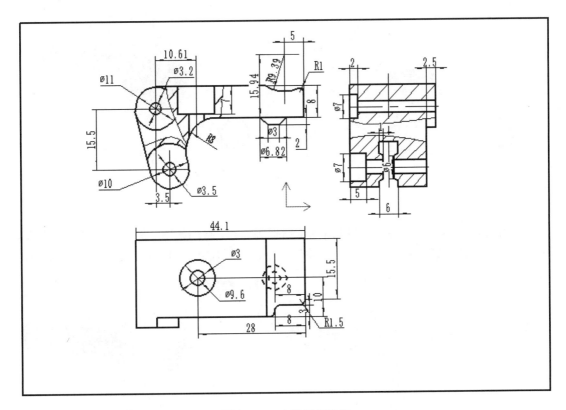

图 3.3-13 上挤压板建模

操作步骤：

（1）绘制二维草图并拉伸实体。

选择草图绘制网格面，绘制如图 3.3-14 所示的轮廓，单击"✓"按钮，选择"拉伸"命令，完成造型。

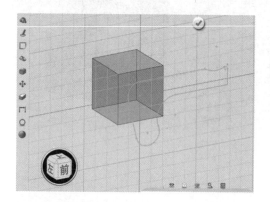
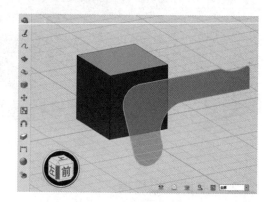
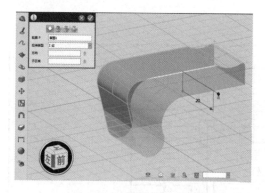
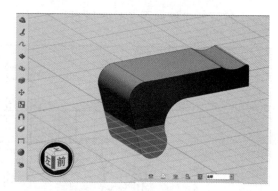

图 3.3-14　绘制二维草图并拉伸实体

（2）添加圆柱实体。

选择零件前侧作为网格草图绘制平面，捕捉圆心点，绘制如图 3.3-15 所示的二维草图，编辑尺寸，单击"✓"按钮。选择"拉伸"命令，编辑尺寸，再进行加运算，完成造型。

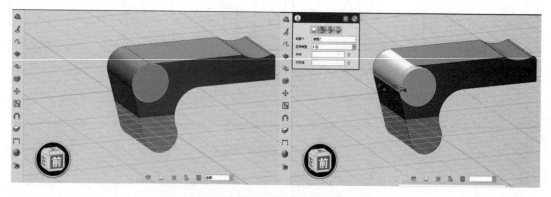

图 3.3-15　添加圆柱实体

（3）添加阶梯圆柱孔。

1）选择基本实体圆柱体，捕捉零件后侧的圆弧圆心，编辑圆柱尺寸，并进行减运算，单击"✓"按钮，完成造型，如图 3.3-16 所示。

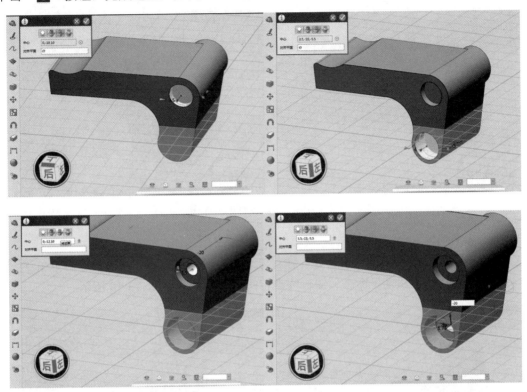

图 3.3-16　完成圆柱体的造型

2）选择零件上表面作为二维绘图平面，绘制直径为 9.6mm 的圆，选择"拉伸"命令，编辑拉伸高度 7mm，并做减运算，单击"✓"按钮，完成造型，如图 3.3-17（左图）所示。选择基本实体圆柱体，捕捉圆孔底面圆心，编辑直径为 4mm、高度为-15mm 的圆柱体，并做减运算，单击"✓"按钮，完成阶梯孔的造型，如图 3.3-17（右图）所示。

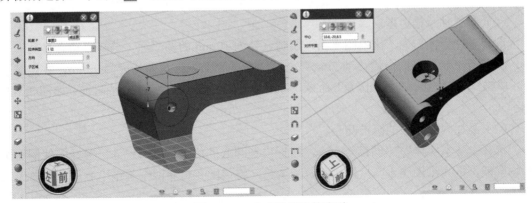

图 3.3-17　完成阶梯孔的造型

(4) 切割零件的一个角。

选择零件上表面作为二维绘图平面，绘制长为 8mm、宽为 3mm 的矩形，选择"拉伸"命令，编辑尺寸，并做减运算，单击"✓"按钮，如图 3.3-18 所示。

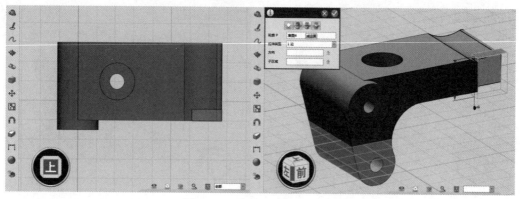

图 3.3-18　切割零件的一个角

(5) 添加圆锥台。

选择"基本实体"|"圆锥"命令，捕捉零件下方的角点位置，编辑尺寸，单击"✓"按钮。再选择"动态移动"命令，编辑圆锥台的定位尺寸，如图 3.3-19 所示。

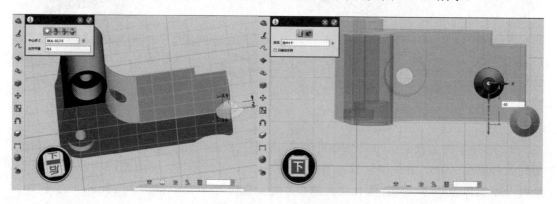

图 3.3-19　添加圆锥台

(6) 绘制轴承槽造型。

选择零件后面作为二维绘图平面，绘制直径为 10mm 的圆平面，选择"动态移动"命令，将其沿 Y 轴方向向内侧移动 7mm，选择"拉伸"命令，拉伸长度为 -6mm，并做减运算，单击"✓"按钮，选择"圆角"命令，将两边分别进行半径为 1mm 的过渡，如图 3.3-20 所示。

(7) 添加固定轴承的圆锥凸台。

选择"基本实体"|"圆锥"命令，捕捉内孔圆心的位置，编辑尺寸，选择零件侧面圆孔轮廓线，将其沿轴线方向拉伸，并做减运算，将该圆孔贯穿两个圆锥中心，如图 3.3-21 所示。

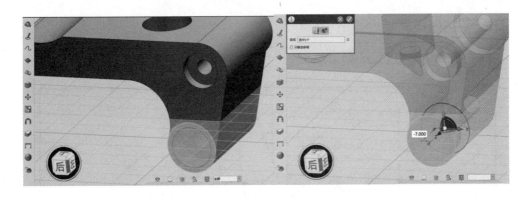

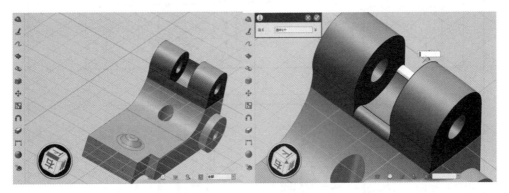

图 3.3-20 绘制轴承槽造型

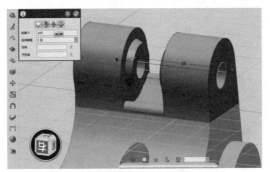

图 3.3-21 添加固定轴承的圆锥凸台

3. 下挤压板建模

下挤压板建模如图 3.3-22 所示。

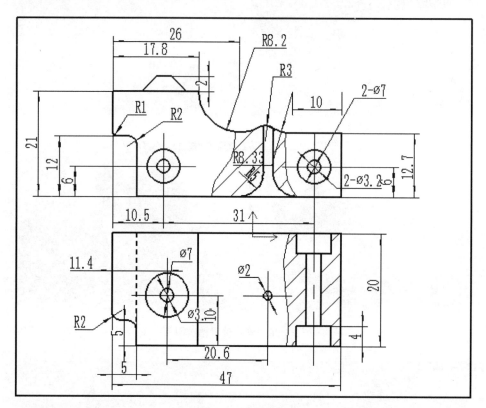

图 3.3-22　下挤压板建模

操作步骤：

（1）创建草图。

选择长方体的侧面作为二维绘图平面，绘制如图 3.3-23（左图）所示的轮廓，然后选择"拉伸"命令，编辑尺寸，单击"✓"按钮，完成造型，如图 3.3-23（右图）所示。

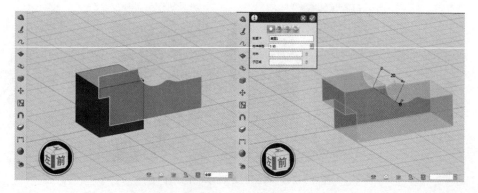

图 3.3-23　创建草图

（2）拉伸修剪。

选择零件上表面作为二维绘图平面，绘制如图 3.3-24（左图）所示的矩形，选择"拉伸"命令，拉伸-10mm，并做减运算，完成造型，单击"✓"按钮，如图 3.3-24（右图）所示。

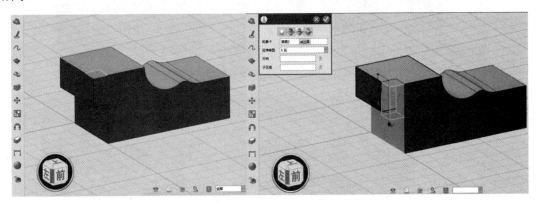

图 3.3-24　拉伸修剪

（3）添加圆锥台。

选择"基本实体"|"圆锥"命令，捕捉零件上表面的角点，编辑尺寸，单击"✓"按钮；选择"动态移动"命令，确定圆锥台的位置，如图 3.3-25 所示。

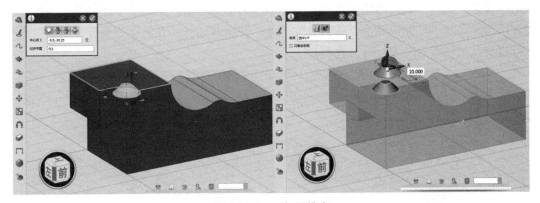

图 3.3-25　添加圆锥台

（4）添加 2 个 $\phi 7$ 阶梯孔。

选择零件前面作为二维绘图平面，绘制如图 3.3-26（左上图）所示的两个圆平面，选择"拉伸"命令拉伸两个圆平面，编辑尺寸，并做减运算，单击"✓"按钮，如图 3.3-26（右上图）所示。单击"基本实体"按钮，捕捉大圆孔圆心，编辑尺寸，并做减运算，单击"✓"按钮，完成造型，如图 3.3-26（下图）所示。

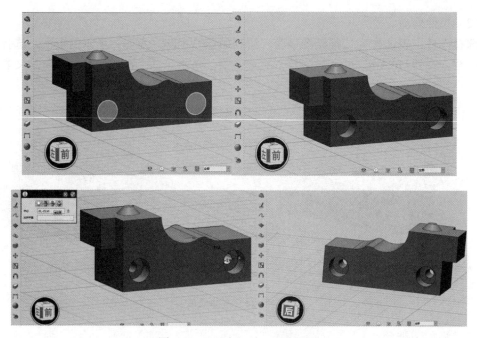

图 3.3-26　添加 2 个 φ7 阶梯孔

（5）添加 φ2 孔。

选择零件底面作为二维绘图平面，确定 φ2 的中心位置，绘制圆平面如图 3.3-27（上图）所示，选择"拉伸"命令，编辑长度尺寸，并做减运算，孔的下方选择"圆角"命令进行过渡，如图 3.3-27（下图）所示。

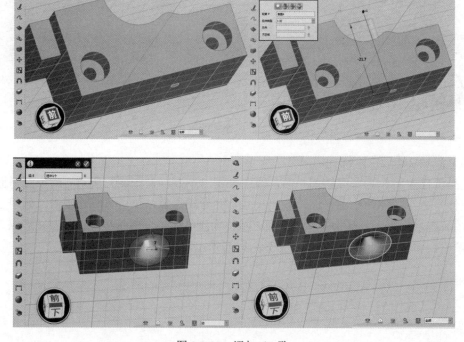

图 3.3-27　添加 φ2 孔

（6）圆角过渡。

选择"圆角过渡"命令，按照零件图中所示进行圆角过渡，如图 3.3-28 所示。

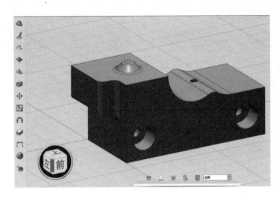

图 3.3-28　圆角过渡

4. 吹风口建模

吹风口建模如图 3.3-29 所示。

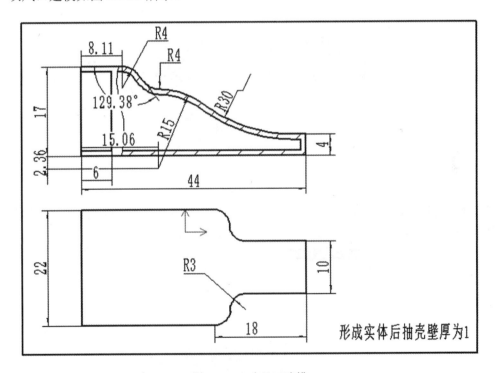

图 3.3-29　吹风口建模

操作步骤：

（1）创建草图。

选择长方体的侧面作为二维绘图平面，绘制的轮廓，选择"拉伸"命令，编辑尺寸，单击"✓"按钮，完成造型，如图 3.3-30 所示。

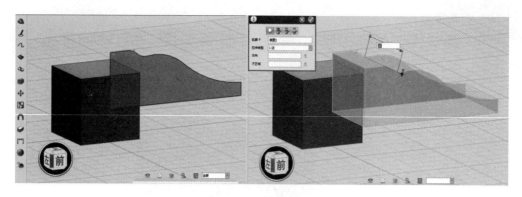

图 3.3-30　创建草图

(2) 切割风口嘴。

选择零件底面作为二维绘图平面，绘制如图 3.3-31（左图）所示的两个矩形平面，单击"✓"按钮。选择"拉伸"命令，并进行减运算，单击"✓"按钮，完成造型，如图 3.3-31（右图）所示。

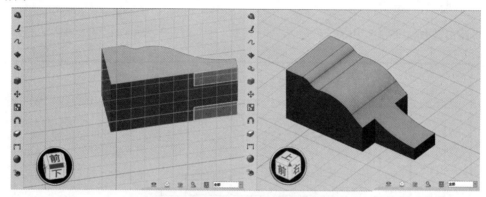

图 3.3-31　切割风口嘴

(3) 抽壳。

选择"特殊功能"|"抽壳"命令，选择造型，编辑厚度为-1mm，开放面选择左面和右面两个侧面，单击"✓"按钮，完成造型，如图 3.3-32 所示。

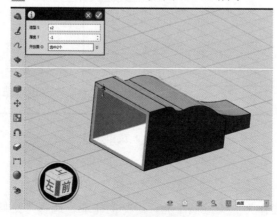

图 3.3-32　抽壳

(4) 切割装配口。

选择零件前面作为二维绘图平面，绘制矩形平面，选择"拉伸"命令，将其拉伸，并做减运算，单击"✓"按钮，如图 3.3-33 所示。

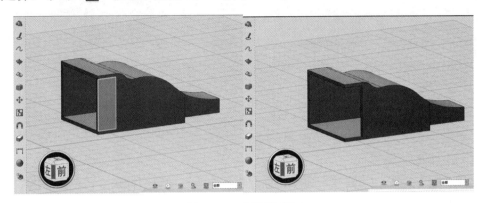

图 3.3-33　切割装配口

5. 螺杆旋钮建模

螺杆旋钮建模如图 3.3-34 所示。

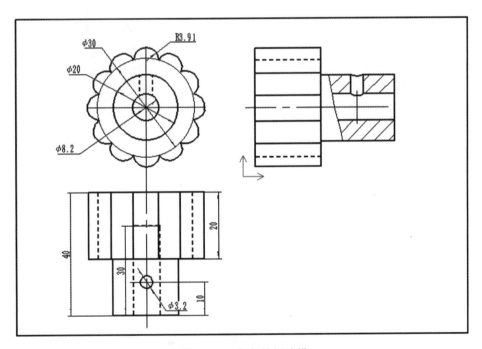

图 3.3-34　螺杆旋钮建模

操作步骤：

(1) 创建草图。

在二维网格面上绘制如图 3.3-35 所示的平面轮廓，选择"拉伸"命令，将其平面拉伸距离设置为 20mm，单击"✓"按钮。

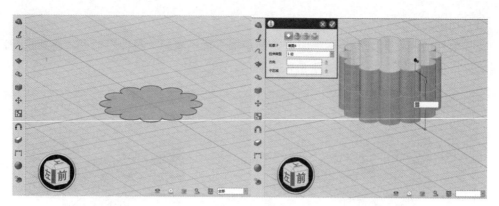

图 3.3-35　创建草图

（2）添加圆柱。

选择"基本实体"|"圆柱"命令，捕捉零件中心，编辑圆柱尺寸，单击"✓"按钮，如图 3.3-36（左图）所示。完成造型，利用组合编辑将两个基本体进行加运算，如图 3.3-36（右图）所示。

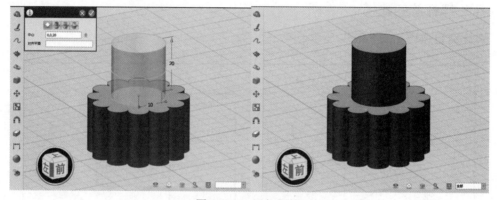

图 3.3-36　添加圆柱

（3）添加中心孔。

选择"基本实体"|"圆柱"命令，捕捉大圆柱中心，编辑尺寸，并进行减运算，单击"✓"按钮，完成造型，如图 3.3-37 所示。

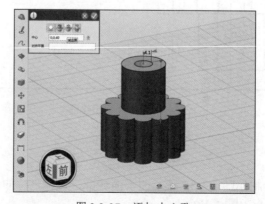

图 3.3-37　添加中心孔

第四章 激光切割

第一节 激光切割的原理

激光切割的原理是利用经聚焦的高功率、高密度激光束照射工件，使被照射的工件局部迅速熔化、汽化、烧蚀或达到燃点，同时借助与光束同轴的高速气流吹除熔融物质，从而实现将工件割开。激光切割属于热切割方法之一，其原理如图 4.1-1 所示。

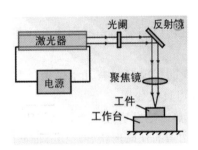

图 4.1-1 激光切割的原理

第二节 激光切割的分类、特点及应用范围

1. 激光切割的分类

（1）汽化切割。

汽化切割利用高功率、高密度激光束加热工件，在短时间内使工件局部材料汽化，形成蒸气，在材料上形成切口。材料的汽化热一般很大，所以在汽化切割时需要大的功率和功率密度。

汽化切割多用于极薄的金属材料或非金属材料（如纸、布、木材、塑料和橡皮等）的切割。

（2）熔化切割。

在熔化切割时，用激光加热使金属材料熔化，喷嘴喷吹非氧化性气体（如 Ar、He、N_2 等），依靠气体的强大压力使液态金属排出，形成切口，其所需能量只有汽化切割的 1/10。

熔化切割主要用于一些不易氧化的材料或活性金属（如不锈钢、钛、铝及其合金等）的切割。

（3）氧气切割。

氧气切割用激光作为预热热源，用氧气等活性气体作为切割气体。喷吹出的气体一方面与切割金属作用，发生氧化反应，放出大量的氧化热；另一方面把熔融的氧化物和熔化物从反应区吹出，而切割速度远远大于汽化切割和熔化切割。

氧气切割主要用于碳钢、钛钢以及热处理钢等易氧化的金属材料。

（4）划片与控制断裂。

划片是利用高能量密度的激光在脆性材料的表面进行扫描，使材料受热蒸发出一条小槽，然后施加一定的压力，脆性材料就会沿小槽处裂开。划片用的激光器一般为 Q 开关激光器和 CO_2 激光器。控制断裂是利用激光刻槽时所产生的陡峭的温度分布，在脆性材料中产生局部热应力，使材料沿小槽断开。

2. 激光切割的特点

（1）优点。

1）切割质量好。激光切割切口细窄，切缝两边平行并且与表面垂直，切割零件的尺寸精度可达±0.05mm。

2）切割表面光洁美观，表面粗糙度只有几十微米，激光切割甚至可以作为最后一道工序，无须机械加工，零部件可直接使用。

3）材料经过激光切割后，热影响区宽度很小，切缝附近材料的性能几乎不受影响，并且工件变形小，切割精度高，切缝的几何形状好，切缝横截面形状呈现较为规则的长方形。

4）切割效率高。由于激光的传输特性，激光切割机上一般配有多台数控工作台，整个切割过程可以全部实现数控。操作时，只需改变数控程序，就可进行不同形状的零件的切割，既可进行二维切割，又可实现三维切割。

5）切割速度快。用功率为 1200W 的激光切割 2mm 厚的低碳钢板，切割速度可达 600cm/min；切割 5mm 厚的聚丙烯树脂板，切割速度可达 1200cm/min。材料在激光切割时不需要固定。

6）非接触式切割。激光切割时割炬与工件无接触，不存在工具的磨损。加工不同形状的零件，不需要更换"刀具"，只需改变激光器的输出参数。激光切割过程噪声低，震动小，无污染。

7）切割材料的种类多。与氧乙炔切割和等离子切割比较，激光切割材料的种类多，包括金属、非金属、金属基和非金属基复合材料、皮革、木材及纤维等。但是对于不同的材料，由于自身的热物理性能及对激光的吸收率不同，表现出不同的激光切割适应性。

(2)缺点。

1) 激光切割由于受激光器功率和设备体积的限制,只能切割厚度较小的板材和管材,随着工件厚度的增加,使切割速度明显下降。

2) 激光切割设备费用高,一次性投资大。

3. 激光切割的应用范围

大多数激光切割机都由数控程序进行控制操作或做成切割机器人。激光切割作为一种精密的加工方法,几乎可以切割所有的材料,包括薄金属板的二维切割或三维切割。

在汽车制造领域,小汽车顶窗等空间曲线的激光切割技术都已经获得了广泛的应用。德国大众汽车公司用功率为 500W 的激光器切割形状复杂的车身薄板及各种曲面件。在航空航天领域,用激光切割加工的航空航天零部件有发动机火焰筒、钛合金薄壁机匣、飞机框架、钛合金蒙皮、机翼长桁、尾翼壁板、直升机主旋翼、航天飞机陶瓷隔热瓦等。激光切割成型技术在非金属材料领域也有着较为广泛的应用,如氮化硅、陶瓷、石英等,柔性材料如布料、纸张、塑料、橡胶等。

第三节 3D 打印机支撑板

3D 打印机框架结构的支撑板如图 4.3-1 所示,运用 AutoCAD 绘制软件绘制各支撑板的平面轮廓,如表 4.3-1 所示。

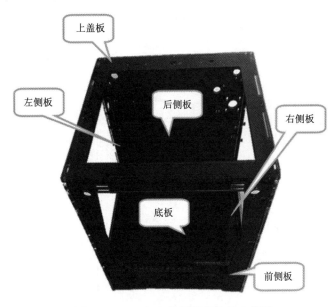

图 4.3-1 3D 打印机框架结构的支撑板

表 4.3-1　运用 AutoCAD 绘制软件绘制各支撑板的平面轮廓

名　称	平面轮廓	备　注
前侧板	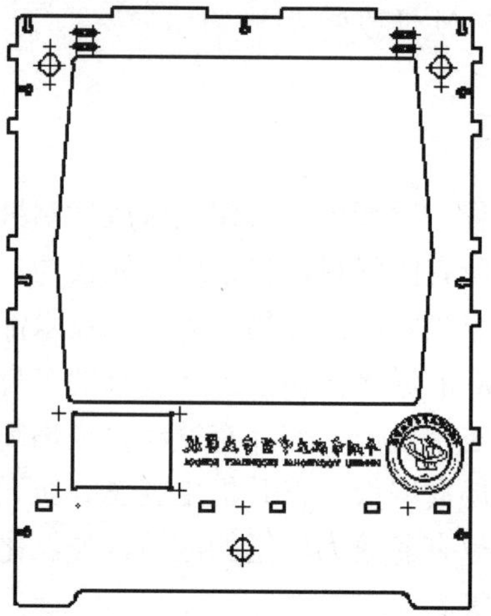	
右侧板	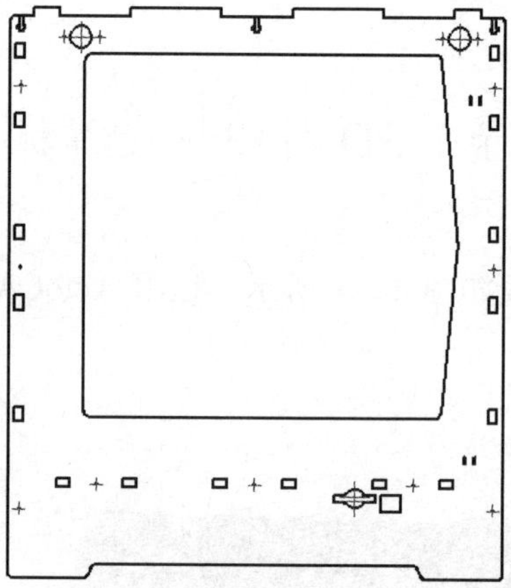	
左侧板	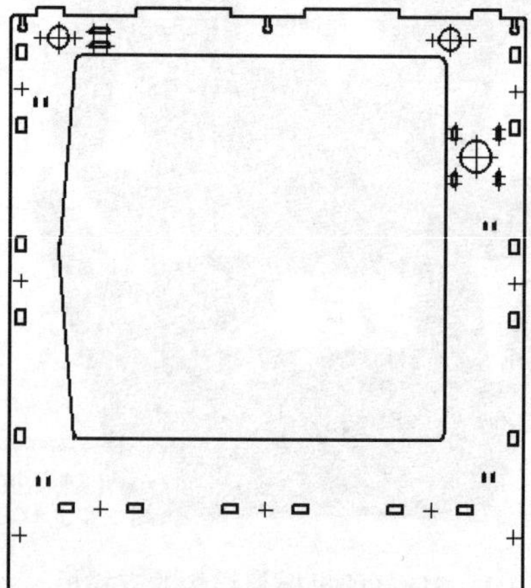	

（续表）

名　称	平面轮廓	备　注
后侧板		
底板		
上盖板		

第四节 激光切割机的使用

激光切割机的操作一般分为两个部分：第一部分是激光切割机程序的编写，这部分是在计算机上完成的；第二部分是在激光切割机上的操作，即切割加工。一般激光切割机软件分为几个部分：绘图模块、编程模块、套料模块、校正模块、NC 输出模块。

流程大致是用 CAD 等软件画好要切割的零件图，保存为激光切割机软件能读入和编辑的格式，比如 DXF 格式，然后在"套料软件"上进行处理，再转换成与激光切割机厂家相对应的 NC 代码，就可以把程序输入激光切割机设备进行切割了。要想使用激光切割机完成相应的加工，应完成以下操作。

1. 安装 LaserCAD 软件

LaserCAD 软件的安装如表 4.4-1 所示。

表 4.4-1　LaserCAD 软件的安装

序　号	步骤名称	示意图片	详细说明	备　注
1	打开应用	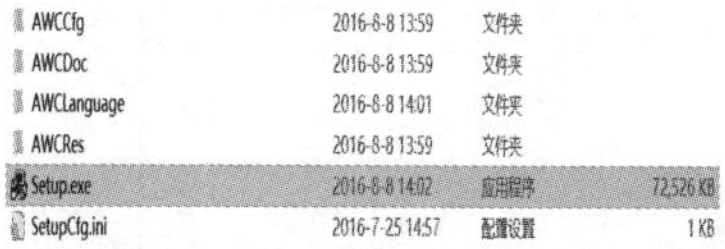	双击安装文件夹的"Setup.exe"文件	
2	安装驱动	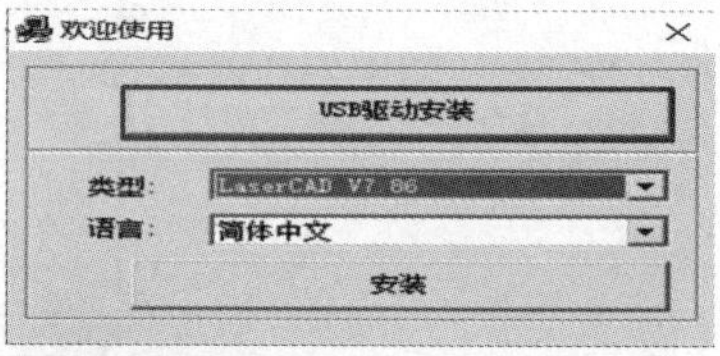	单击"USB 驱动安装"按钮，安装 USB 驱动	
3	下一环节	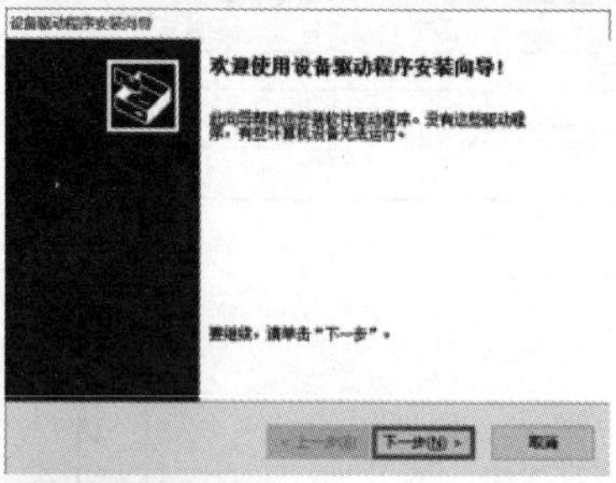	单击"下一步"按钮	
4	完成安装	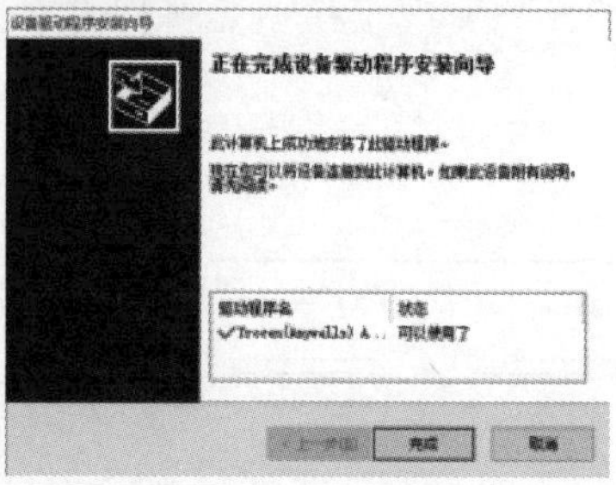	单击"完成"按钮，USB 驱动安装成功	

（续表）

序号	步骤名称	示意图片	详细说明	备注
5	安装 LaserCAD	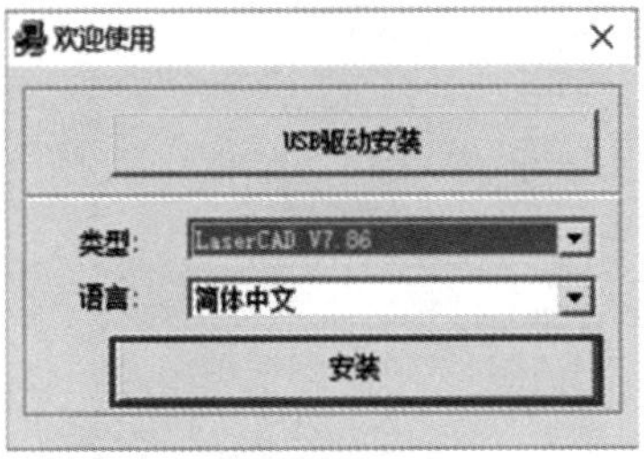	回到初始对话框，单击"安装"按钮，开始安装 LaserCAD 软件	
6	安装目录选择	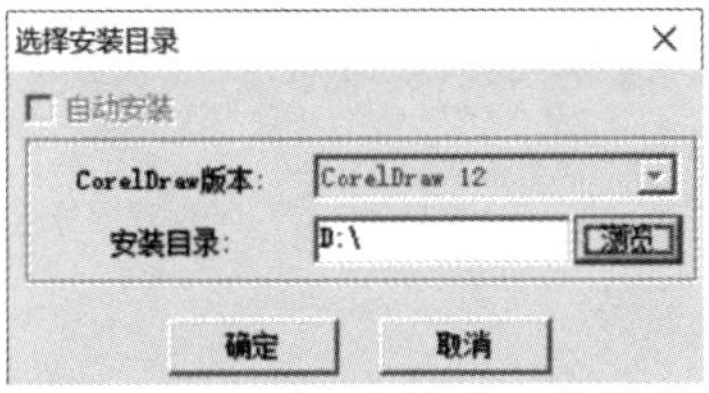	选择安装目录，并单击"确定"按钮	
7	完成安装		完成 LaserCAD 软件安装，单击"确定"按钮结束	

2. 设置 LaserCAD 软件

LaserCAD 软件的设置如表 4.4-2 所示。

表 4.4-2　LaserCAD 软件的设置

序号	步骤名称	示意图片	详细说明	备注
1	打开软件	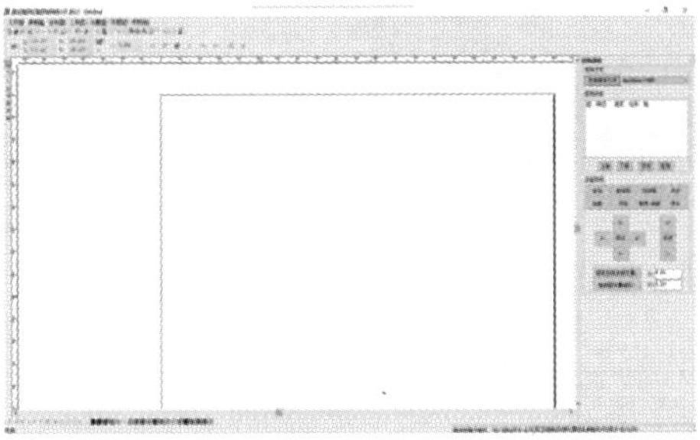	双击 LaserCAD 快捷方式，打开软件	
2	选择"系统参数"选项	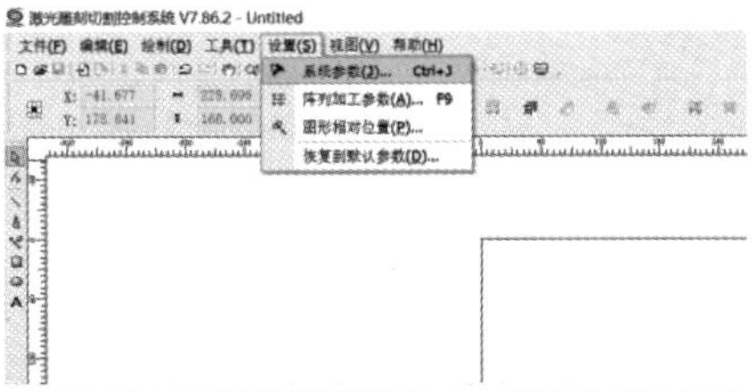	选择"设置"下拉菜单的"系统参数"选项，设置系统参数	

(续表)

序号	步骤名称	示意图片	详细说明	备注
3	零点设置		将"机器零点位置"和"页面零点位置"改为"左上",与激光切割设备情况保持一致	
4	图形相对位置	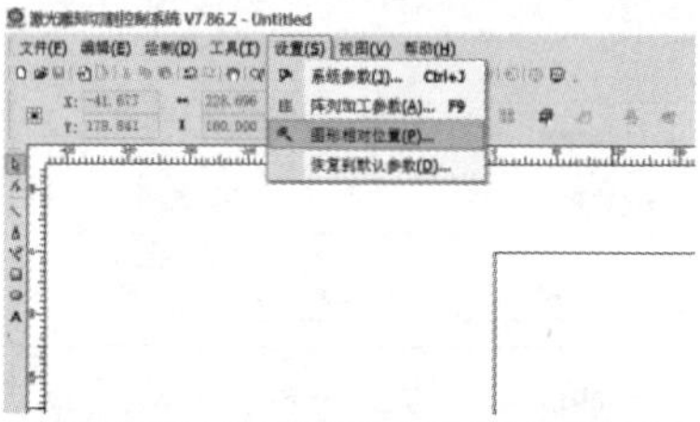	打开"设置"下拉菜单,选择"图形相对位置"选项,设置相应的参数	
5	激光头相对图形位置设置	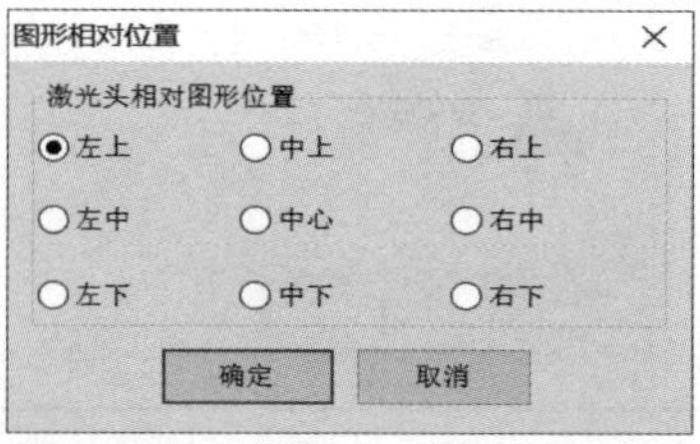	激光头相对图形位置改为"左上"	

3. 使用 LaserCAD 软件绘图

使用 LaserCAD 软件绘图如表 4.4-3 所示。

表 4.4-3　使用 LaserCAD 软件绘图

序号	步骤名称	示意图片	详细说明	备注
1	矩形指令	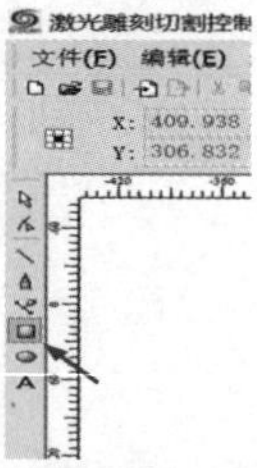	单击软件左侧"编辑工具栏"的矩形按钮	
2	绘制矩形起点	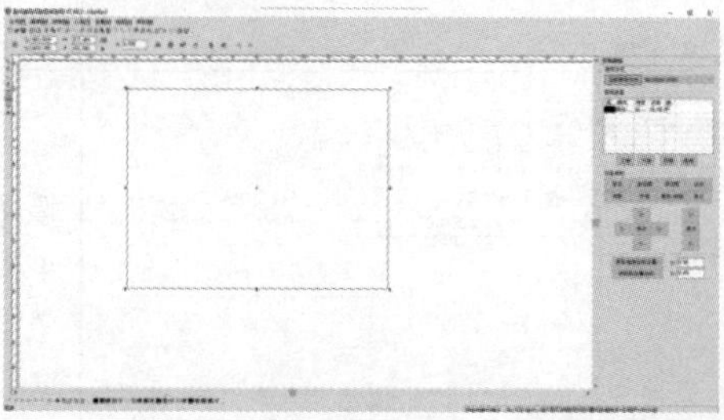	单击"绘图区"任意一点,拖拉一个矩形	

第四章　激光切割

（续表）

序号	步骤名称	示意图片	详细说明	备注
3	确定矩形尺寸	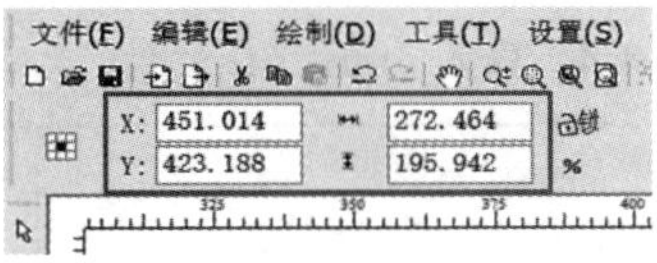	左上角有显示这个矩形的位置和大小，单位为毫米，均可单击修改	
4	文字指令图标	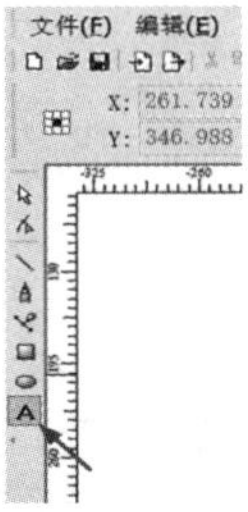	绘制数字，单击软件左侧"编辑工具栏"的"A"形按钮	
5	绘制文字	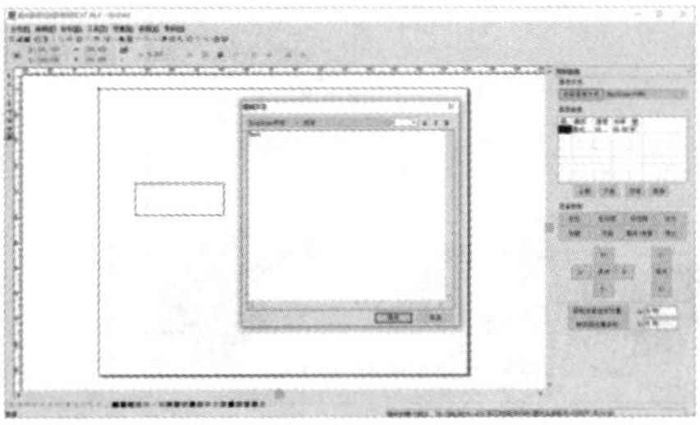	在上一步绘制的矩形区域里双击，输入停车牌或手机号"18967318151"	
6	切换为鼠标箭头	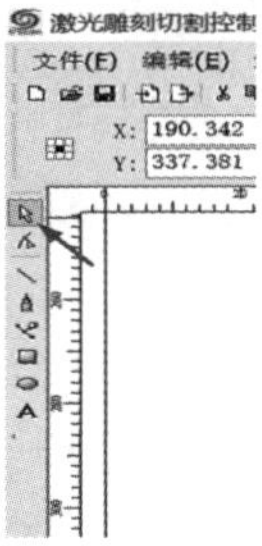	单击左侧"编辑工具栏"的"鼠标"形按钮，切换为鼠标箭头	
7	位置和大小	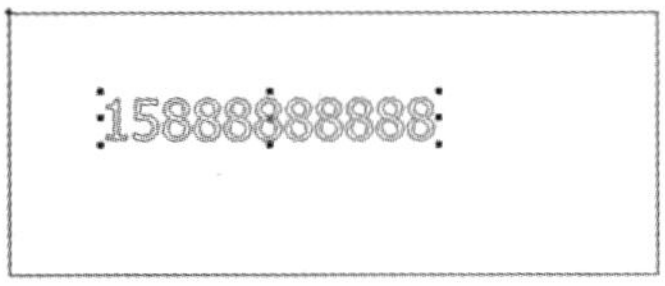	选取右下角黑色实心方框，按住鼠标左键拖动，可以调整大小；选中中心"X"形图标，按住鼠标左键拖动，可以调整位置。将手机号调整到合适的位置和大小	
8	输入文字		输入文字"妨碍到您很抱歉！"，调整到合适的位置和大小	

4. 导入 AutoCAD 文件

导入 AutoCAD 文件如表 4.4-4 所示。

表 4.4-4 导入 AutoCAD 文件

序号	步骤名称	示意图片	详细说明	备注
1	保存图形		在 AutoCAD 中绘制好图形并保存为 DXF 文件,单击左上角的""按钮	
2	保存 DXF 文件	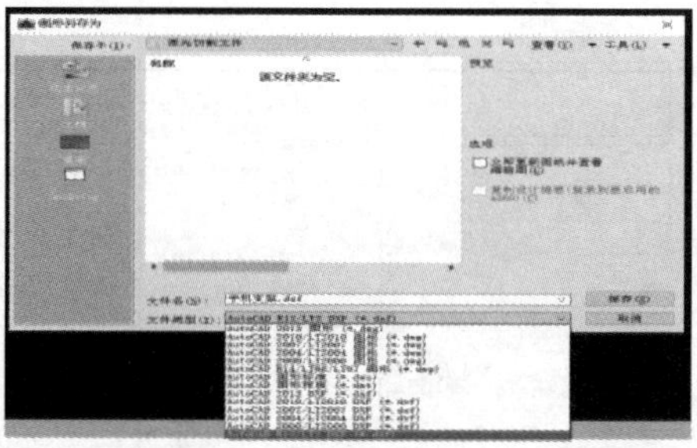	文件类型选择"AutoCAD R12/LT2 DXF（*.dxf）"选项	
3	导入 DXF 文件		在 LaserCAD 中导入 DXF 文件,单击""按钮,找到之前保存好的"手机支架.dxf"文件,单击"打开"按钮	
4	更改颜色		停车牌外轮廓加工,而文字部分采用激光雕刻工艺加工,两者加工工艺不同,所以需要进行不同的设置,改颜色,将停车牌外轮廓和文字部分用两种颜色进行区分	单击左下角"图层工具栏"的色块,选择一种颜色
5	设置加工顺序	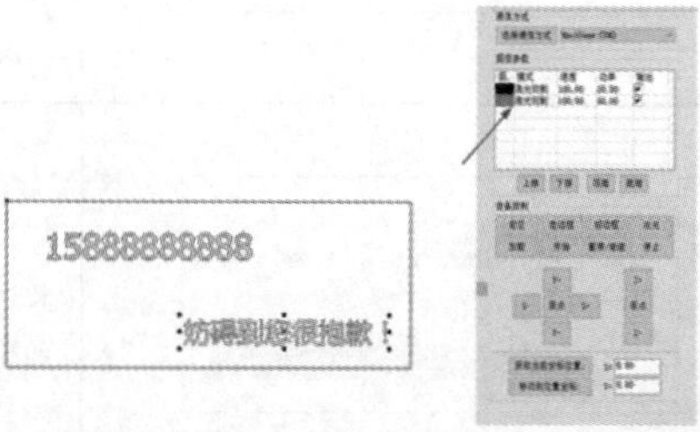	激光切割雕刻需要按照一定的加工顺序进行：先雕刻后切割,先内后外。在右侧控制面板上,可以看到两种不同颜色的图层。下图状态为黑色图层先加工,绿色图层后加工	单击选中一个图层,单击下方的"上移"或"下移"按钮调整加工顺序

第四章　激光切割

（续表）

序号	步骤名称	示意图片	详细说明	备注
6	设置加工参数	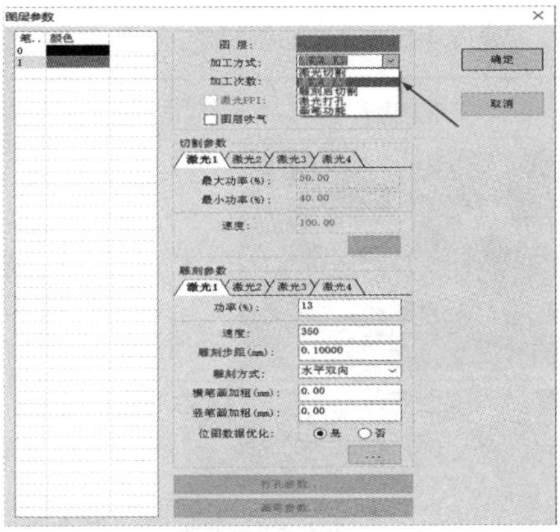	双击"图层参数"中的任意图层，进行参数设置。 激光切割工艺参数设置：大功率配合低速度。 激光雕刻工艺参数设置：小功率配合高速度	加工方式修改为"激光雕刻"
7	保存PWJ5文件	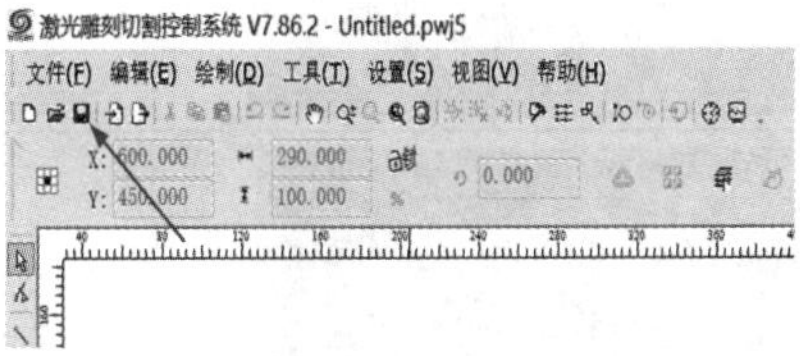	为了以后可以继续编辑修改，可以将现在编辑好的文件保存。 选择"文件"下拉菜单的"保存"或"另存为"选项，保存为PWJ5文件	
8	加载文件	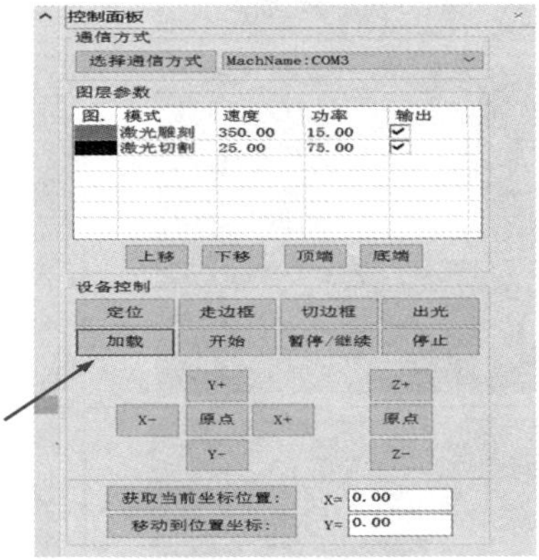	UD5文件是激光切割设备可以识别的加工文件，是为了加工而制作的最终文件	单击控制面板的"加载"按钮
9	导出UD5文件	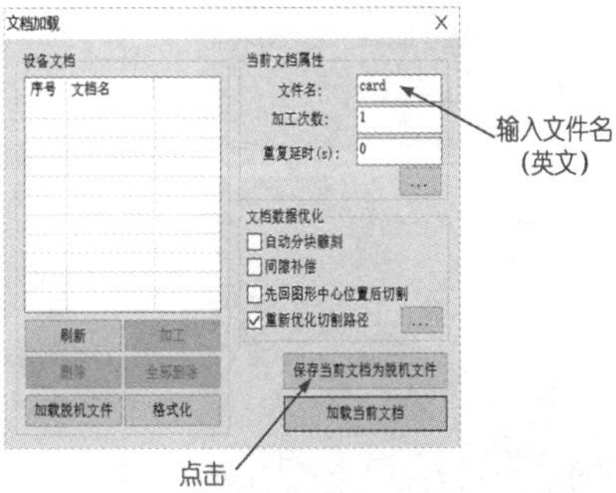	修改文件名，必须为英文，因为激光切割设备无法识别中文字符。 单击"保存当前文档为脱机文件"按钮，保存为UD5文件	将UD5文件复制到U盘中

5. 操作激光切割机

激光切割机的操作如表 4.4-5 所示。

表 4.4-5 激光切割机的操作

序号	步骤名称	示意图片	详细说明	备注
1	放置零件		打开设备电源、抽风系统或净化系统舱盖，将木板摆放在设备工作台上	
2	连接U盘	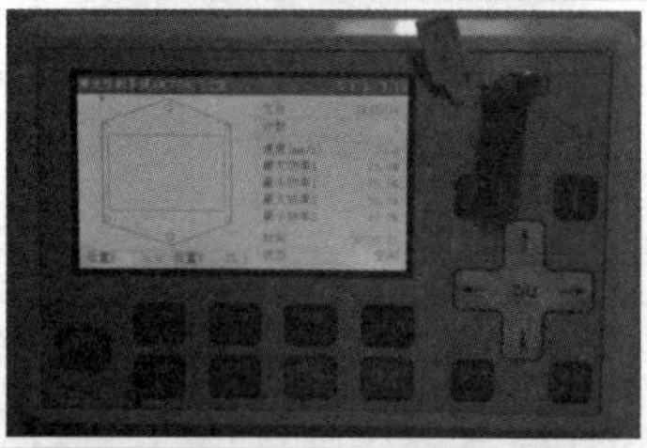	插入保存了 CARD.ud5 文件的 U 盘	
3	菜单功能	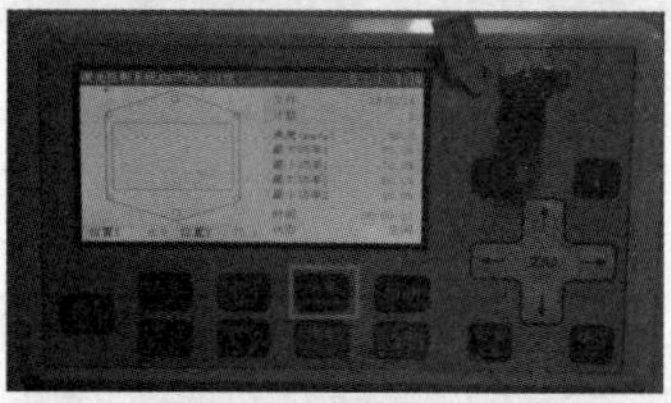	将 CARD.ud5 文件导入设备，单击控制面板的"菜单"按钮	
4	选择U盘文件	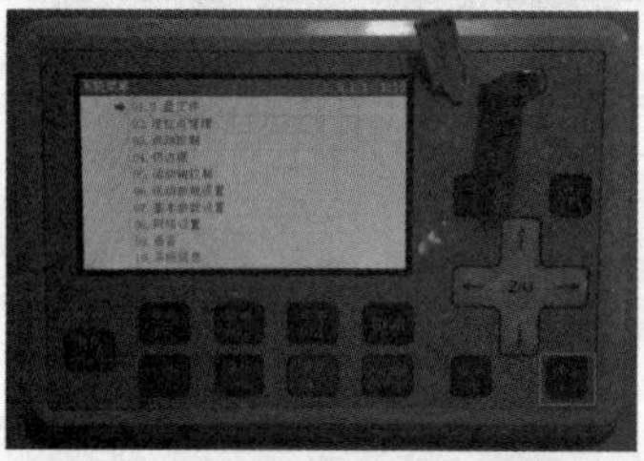	箭头光标对准"U 盘文件"，单击控制面板右下角的"确定"按钮	
5	选择工作文件	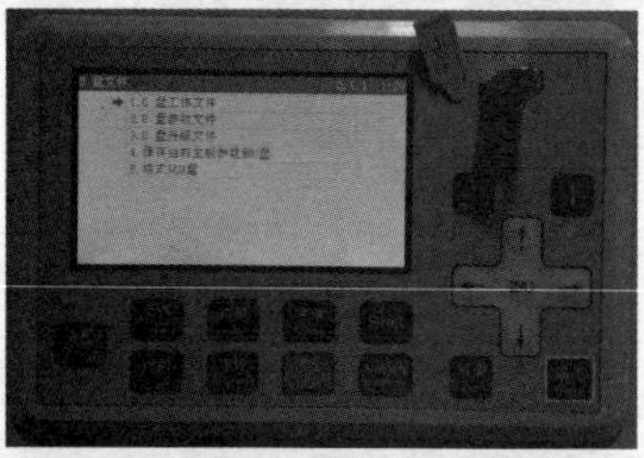	箭头光标对准"U 盘工作文件"，继续单击控制面板右下角的"确定"按钮	
6	选择加工文件	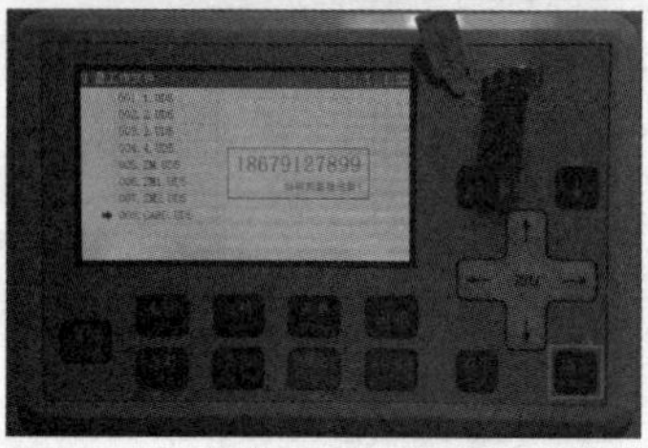	按黄色十字的上下方向键，移动箭头光标，选中 CARD.ud5 文件	

第四章 激光切割

（续表）

序号	步骤名称	示意图片	详细说明	备注
7	导入文件	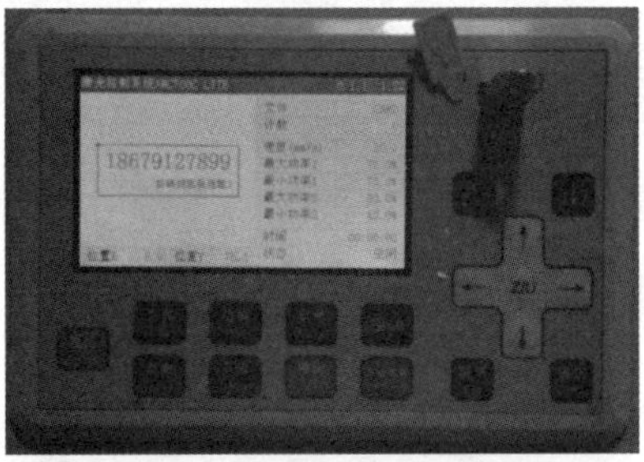	单击"确定"按钮，完成文件向设备的导入。导入成功后，工作界面左侧区域会显示加工文件图形	
8	调节激光头高度	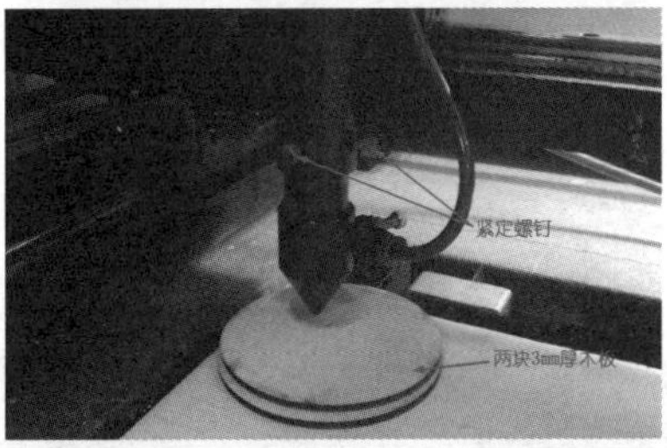	松开下图中两个紧定螺钉，将激光头向上抬起；放入两块 3mm 厚的木板；让激光头自然落到木板表面；拧紧两个紧定螺钉；抽走两块木板，激光头高度调节完成	
9	设置加工起始点	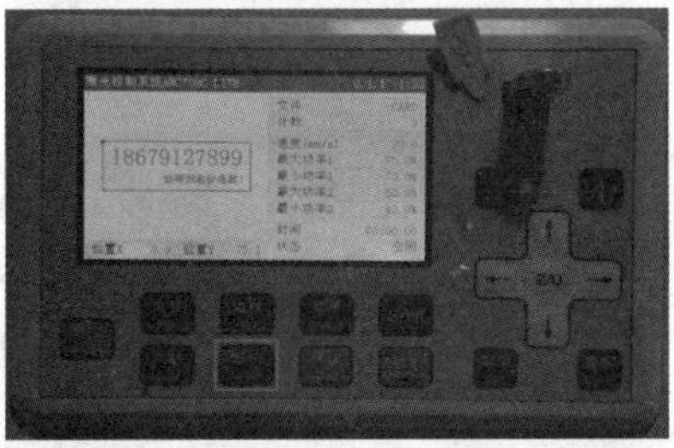	按黄色十字方向键，移动激光头位置，调整到合适的位置后，单击"定位"按钮，此时激光头所在的位置为加工起始点	
10	检查加工范围	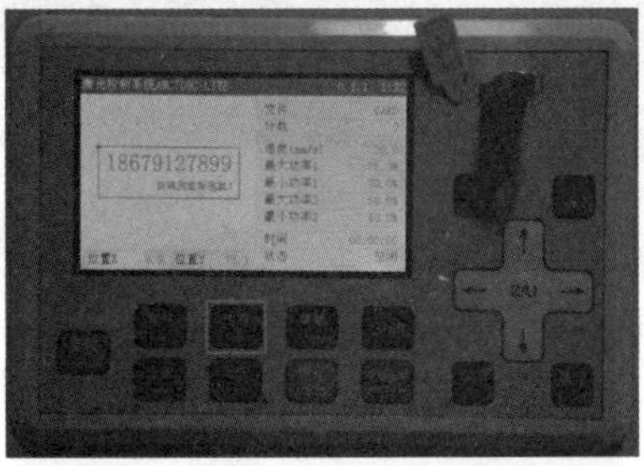	确认加工范围没有超出幅面，或没有与已切割空洞有重叠	
11	开始加工	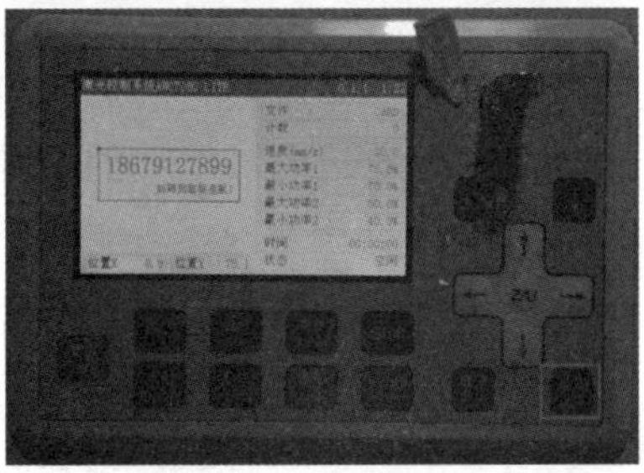	合上舱盖，单击绿色"开始/暂停"按钮开始加工	完成后打开舱盖，取出加工零件

第五章 装 配 篇

第一节 框架部分组装

看懂图 5.1-1 所示的 3D 打印机框架，先根据参考图片，分析判断该框架组成所需的零部件种类及数量，并选择正确的组装工具进行组装操作。在组装过程中，合理制定装配工艺，确保各零部件组装位置准确、精度可靠、性能稳定。

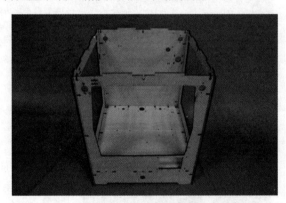

图 5.1-1　3D 打印机框架

1. 框架功能介绍

框架是 3D 打印机的重要组成部分，其主要作用是将所需的组件固定，并保证其具有确定的相对位置，以实现各零部件间所需的相对运动。框架的结构和材料，对 3D 打印机的打印精度具有直接的影响。

常见的 RepRap 类型的机器框架都是由螺杆将各个所需零部件连接起来构成的，如图 5.1-2 所示。

另一种较为常见且美观的框架类型是 Box Bot 类型的机器，例如 MakerBot 或者 MakerGear Mosaic 等，其框架是将胶合板或者亚克力板激光切割后，进行拼装，利用螺丝连接和固定，如图 5.1-3 所示。

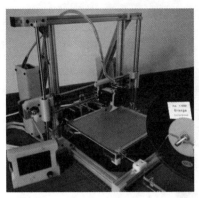
图 5.1-2 RepRap 类型的机器框架

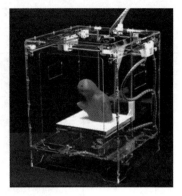
图 5.1-3 Box Bot 类型的机器框架

2. 工具清单及材料清单

3D 打印机框架组装工具清单如表 5.1-1 所示，3D 打印机框架组装材料清单如表 5.1-2 所示。

表 5.1-1　3D 打印机框架组装工具清单

序 号	工具名称	示意图片	作用说明	备 注
1	十字螺丝刀		用于框架固定螺丝的安装旋紧	
2	锉刀		用于框架零部件的毛边以及缺陷修整	
3	手电钻		用于攻丝、钻孔等装配环节	
4	M3 丝锥		用于安装过程中 M3 内螺纹的加工	

表 5.1-2　3D 打印机框架组装材料清单

序号	步骤名称	示意图片	详细说明	备注
1	前侧板	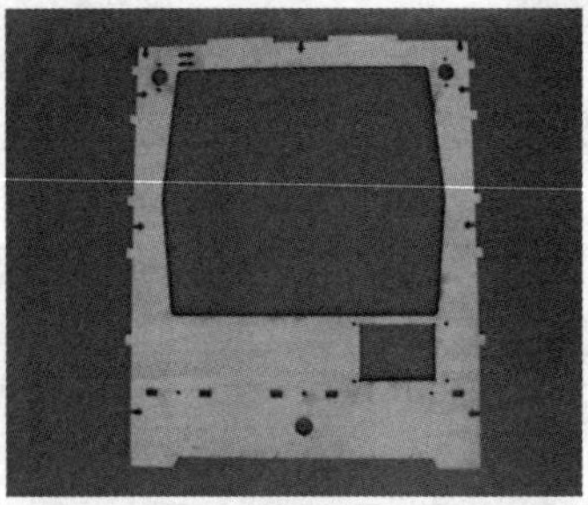	用于固定控制面板和深沟球轴承。对设备整体起到支撑和固定各零部件相对位置的作用	数量 1 个
2	后侧板		用于固定基础机、X 轴电机、电源插座和深沟球轴承。对设备整体起到支撑和固定各零部件相对位置的作用	数量 1 个
3	左侧板	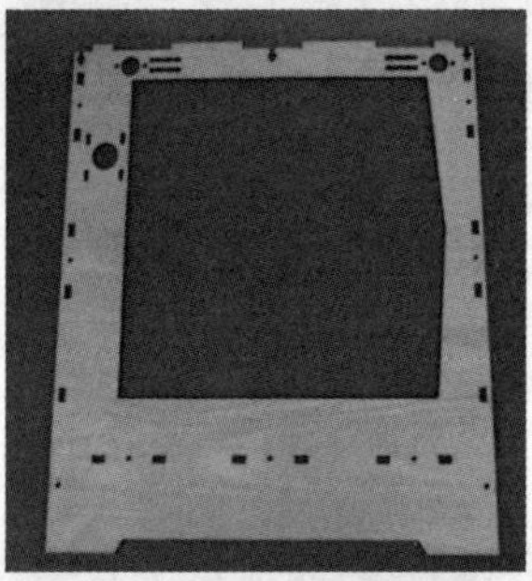	用于固定 Y 轴电机和深沟球轴承。对设备整体起到支撑和固定各零部件相对位置的作用	数量 1 个
4	右侧板		用于安装深沟球轴承，并与控制主板数据接口配合。对设备整体起到支撑和固定各零部件相对位置的作用	数量 1 个
5	上顶板	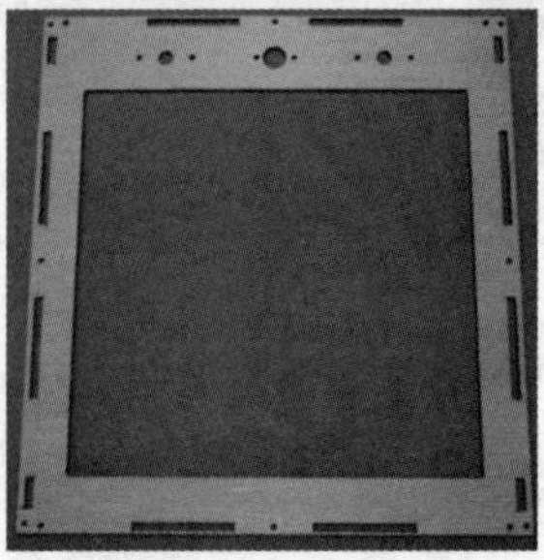	用于固定 Z 轴导向光轴以及升降丝杠。对设备整体起到支撑和固定各零部件相对位置的作用	数量 1 个

(续表)

序号	步骤名称	示意图片	详细说明	备注
6	下底板	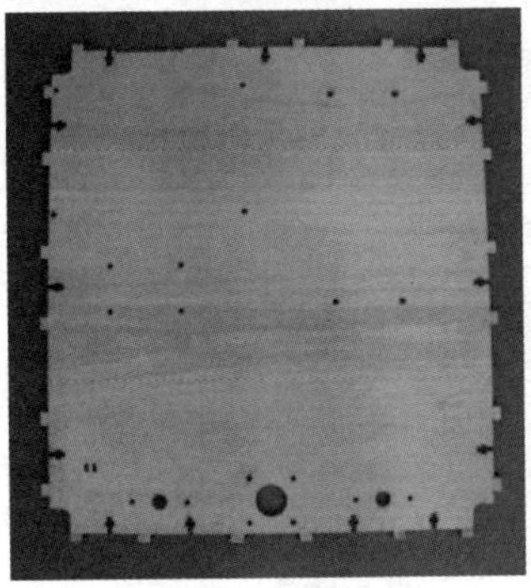	用于固定Z轴导向光轴、控制主板、直流电源及Z轴电机。对设备整体起到支撑和固定各零部件相对位置的作用	数量1个
7	M3-16 螺丝		用于框架壳板之间的连接和固定	数量40个
8	M3 螺母		用于框架壳板之间的连接和固定	数量40个
9	M3 平垫圈		用于框架壳板之间的连接和固定。以减小承压面的压应力并保护被连接件的表面	数量40个
10	M3 弹簧垫圈		用于框架壳板之间的连接和固定，可以有效防止连接螺母松脱	数量40个

组装过程

参考示意图，利用所需的工具完成框架零部件的组装。在组装过程中要求合理正确选用所需的工具，合理安排装配工艺。操作过程如表 5.1-3 所示。

表 5.1-3 3D 打印机框架组装任务书

序 号	步骤名称	示意图片	详细说明	备 注
1	组装后侧板和下底板		将后侧板放平，正面向上，底板后侧与后侧板拼插连接。拼接后利用 M3-16 螺丝连接和固定。螺钉加平垫圈和弹簧垫圈防止设备在工作过程中连接松动	两板的位置和方向如图所示
2	组装前侧板		如图所示，将前侧板安装在下底板相应位置处。拼接后利用 M3-16 螺丝连接和固定。螺钉加平垫圈和弹簧垫圈防止设备在工作过程中连接松动	前侧板的位置和方向如图所示
3	组装右侧板		如图所示，将右侧板安装在相应位置处。拼接后利用 M3-16 螺丝连接和固定。螺钉加平垫圈和弹簧垫圈防止设备在工作过程中连接松动	右侧板带有数据接口孔，不可与左侧板混淆
4	组装左侧板	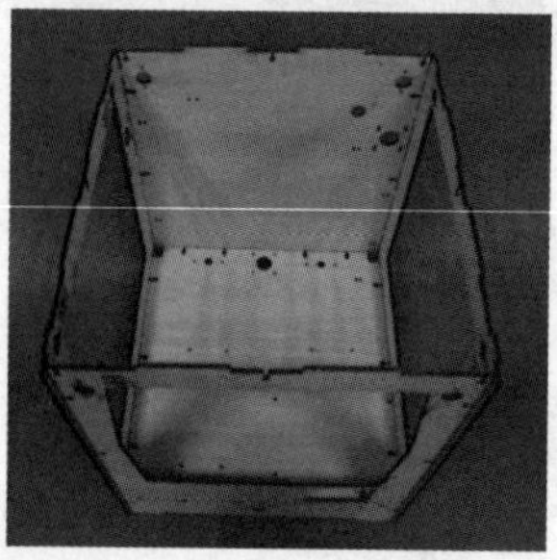	如图所示，将左侧板安装在相应位置处。拼接后利用 M3-16 螺丝连接和固定。螺钉加平垫圈和弹簧垫圈防止设备在工作过程中连接松动	左侧板与右侧板的区别在于没有数据接口孔，但有电机固定孔

学习评价

在表 5.1-4 所示的打印机框架组装学习评价表中，根据评价指标进行客观评价。

表 5.1-4 框架组装学习评价表

评价项目	评价标准	配 分	自评30%	互评30%	师评40%	综合得分
零部件的识别	能正确识别各零部件的功能及作用	15				
工具的使用	能正确使用相关工具完成装配操作	20				
装配精度	能按照相关要求完成装配操作，保证装配精度	15				
连接紧固	确保装配过程中每个连接紧固步骤都完成到位，无疏忽遗漏	10				
修配操作	为保证装配精度，根据装配需要合理修整零部件	15				
项目反思	在完成项目的过程中，你遇到了什么样的问题呢？这些问题你是如何解决的呢？你的解决方法是否有效解决了问题并达到了你的预期效果呢？将以上问题回答在下面的空格里。（每回答一个问题得 5 分，书写工整且逻辑清晰的可得 5 分附加分）	25				
具体反思如下：						

第二节 打印平台部分组装

看懂图 5.2-1 所示的 3D 打印机打印平台，先根据参考图片，分析判断该打印平台组成所需的零部件种类及数量，并选择正确的组装工具进行组装操作。在组装过程中，合理制定装配工艺，确保各零部件组装位置准确、精度可靠、性能稳定。

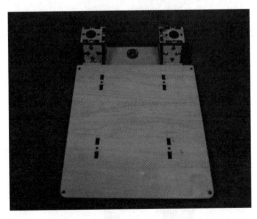

图 5.2-1 3D 打印机打印平台

1. 打印平台功能介绍

打印平台是 3D 打印机的重要组成部分，其主要作用是提供零支撑件附着的空间。同时通过平台的上下移动实现 Z 轴方向的移动。平台结构的稳定性与刚性的好坏，直接影响设备的打印精度。在设计打印平台时，将热床和平台之间的固定结构设计成如图 5.2-2 所示的对高调平机构。可以通过调节 4 个方位的弹簧旋钮来进行平台的调平，方便又快捷。

图 5.2-2 对高调平机构

2. 工具清单及材料清单

打印平台组装工具清单如表 5.2-1 所示，打印平台组装材料清单如表 5.2-2 所示。

表 5.2-1 打印平台组装工具清单

序 号	工具名称	示意图片	作用说明	备 注
1	十字螺丝刀		用于框架固定螺丝的安装旋紧	
2	锉刀		用于框架零部件的毛边以及缺陷修整	
3	手电钻		用于攻丝、钻孔等装配环节	

表5.2-2 打印平台组装材料清单

序号	步骤名称	示意图片	详细说明	备注
1	平台加强筋主立板		用于连接和固定平台底板与工作平台,并有增加平台强度的作用	数量2个
2	平台加强筋侧立板		用于连接和固定平台加强筋前后立板,增加平台加强筋的强度,能有效增加平台强度和稳定性	数量2个
3	平台加强筋前后立板		用于连接和固定平台加强筋主立板和侧立板,增加平台加强筋的强度,能有效增加平台强度和稳定性	数量4个
4	平台底板		用于安装Z轴导向轴承和传动螺母,对打印平台整体起到支撑和固定各零部件相对位置的作用	数量1个
5	工作平台		用于安装和固定热床和打印平台的作用。热床与工作平台之间有螺丝连接,利用弹簧弹力调整打印平台相对于喷头的平面度	数量2个
6	ϕ10直线轴承		安装在平台底板上,用M4-20螺丝固定。用于实现Z轴移动时的导向,能有效减小移动时的摩擦	数量2个

（续表）

序 号	步骤名称	示意图片	详细说明	备 注
7	调平弹簧	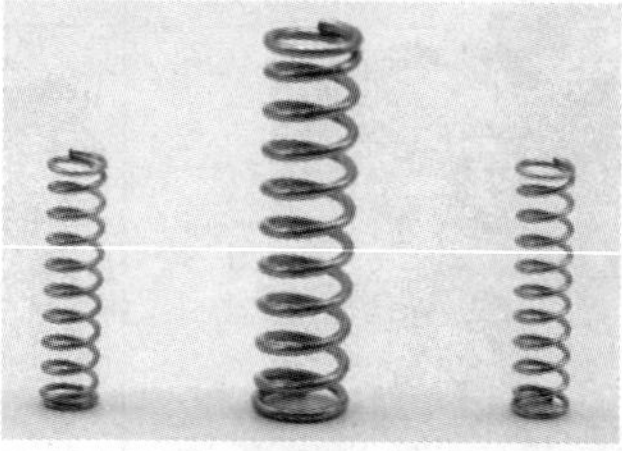	安装在热床与工作平台之间，中间穿入 M3-35 螺丝。弹簧的伸缩配合碟形螺母的正反向旋转，实现调节工作平台相对于喷头的平面度	数量4个
8	M3-35 螺丝		安装在热床与工作平台之间，配合弹簧实现调节工作平台相对于喷头的平面度	数量4个
9	M4-20 螺丝		可以实现直线轴承与平台的连接	数量4个
10	M3 碟形螺母		与 M-35 螺丝配合，通过碟形螺母的正反向旋转，实现调节工作平台相对于喷头的平面度	数量4个
11	M3-16 螺丝		用于打印平台各零部件之间的连接和固定	数量28个
12	M3 螺母		用于打印平台各零部件之间的连接和固定	数量28个
13	M3 平垫圈		用于打印平台各零部件之间的连接和固定。以减小承压面的压应力并保护被连接件的表面	数量28个

组装过程

参考示意图,利用所需的工具完成打印平台各零部件组装。在组装过程中要求合理正确选用所需的工具,合理安排装配工艺。操作过程如表 5.2-3 所示。

表 5.2-3 打印平台组装任务书

序号	步骤名称	示意图片	详细说明	备注
1	组装底板与 Z 轴导向轴承	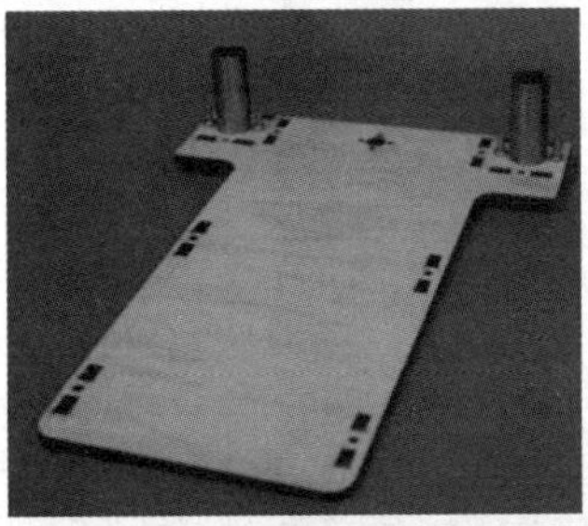	将 Z 轴导向轴承安装在平台底板上,利用 M4-20 螺丝连接和固定。螺丝加平垫圈和弹簧垫圈防止设备在工作过程中连接松动	安装位置和方向如图所示
2	组装平台加强筋侧立板和前、后立板		将平台加强筋前、后立板安装在加强筋侧立板相应位置处。拼接后利用 M3-16 螺丝连接和固定。螺钉加平垫圈和弹簧垫圈防止设备在工作过程中连接松动	平台加强筋前、后立板位置和方向如图所示
3	组装平台加强筋主立板		将平台加强筋主立板安装在相应位置处。拼接后利用 M3-16 螺丝连接和固定。螺钉加平垫圈和弹簧垫圈防止设备在工作过程中连接松动	平台加强筋主立板位置和方向如图所示
4	完成打印平台另一侧加强筋拼装	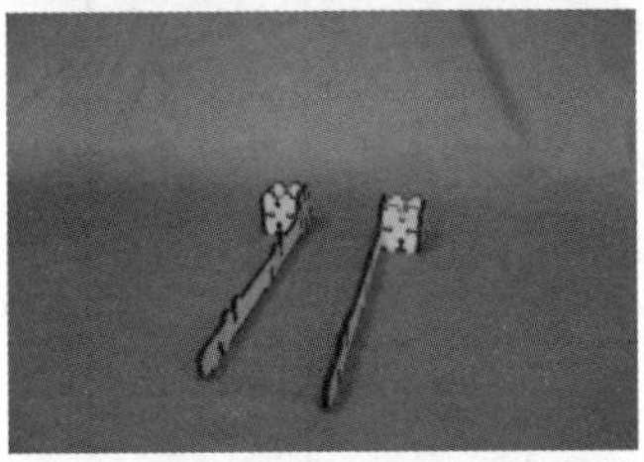	组装步骤重复步骤 1~3	效果如图所示
5	连接平台加强筋与平台底板		将平台加强筋安装在平台底板相应位置处。拼接后利用 M3-16 螺丝连接和固定。螺钉加平垫圈和弹簧垫圈防止设备在工作过程中连接松动	效果如图所示

(续表)

序号	步骤名称	示意图片	详细说明	备注
6	安装平台加强筋盖板	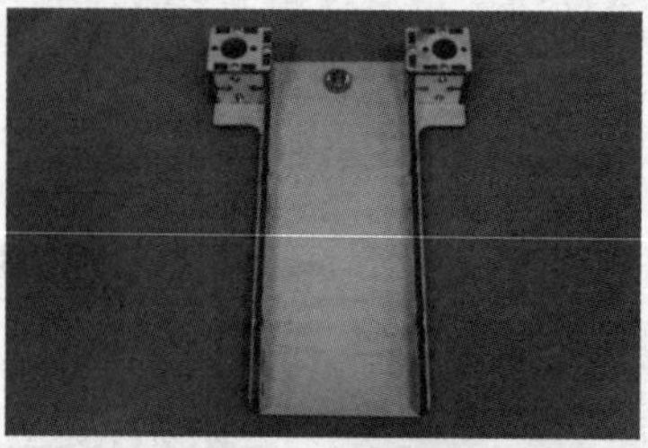	将平台加强筋盖板安装在相应位置处。拼接后利用M3-16螺丝连接和固定。螺钉加平垫圈和弹簧垫圈防止设备在工作过程中连接松动	效果如图所示
7	安装工作平台	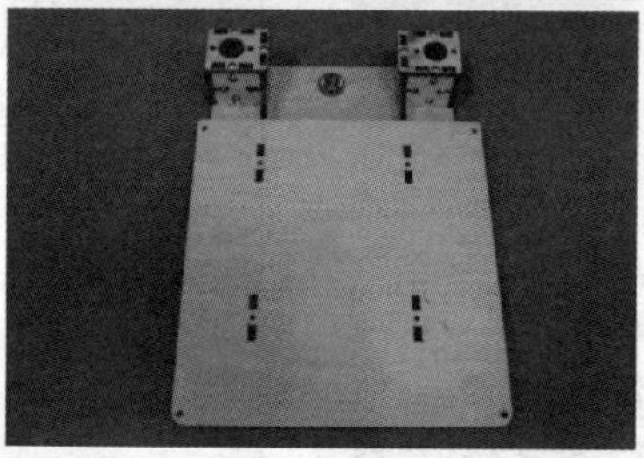	将工作平台安装在平台加强筋相应位置处。拼接后利用M3-16螺丝连接和固定。螺钉加平垫圈和弹簧垫圈防止设备在工作过程中连接松动	效果如图所示

学习评价

在表 5.2-4 所示的打印平台组装学习评价表中，根据评价指标进行客观评价。

表 5.2-4　打印平台组装学习评价表

评价项目	评价标准	配分	自评30%	互评30%	师评40%	综合得分
零部件的识别	能正确识别各零部件的功能及作用	15				
相关工具的使用	能正确使用相关工具完成装配操作	20				
装配精度	能按相关要求完成装配操作，保证装配精度	15				
连接紧固	确保装配过程中每个连接紧固步骤都完成到位，无疏忽遗漏	10				
修配操作	为保证装配精度，根据装配需要合理修整零部件	15				
项目反思	在完成项目的过程中，你遇到了什么样的问题呢？这些问题你是如何解决的呢？你的解决方法是否有效解决了问题并达到了你的预期效果呢？将以上问题回答在下面的空格里。（每回答一个问题得 5 分，书写工整且逻辑清晰的可得 5 分附加分）	25				
具体反思如下：						

第三节 喷头组件的组装

看懂图 5.3-1 所示的 3D 打印机喷头,先根据参考图片,分析判断该喷头组成所需的零部件种类及数量,并选择正确的组装工具进行组装操作。在组装过程中,合理制定装配工艺,确保各零部件组装位置准确、精度可靠、性能稳定。

图 5.3-1　3D 打印机喷头

1. 3D 打印机喷头功能介绍

喷头是 3D 打印机的重要组成部分,其主要作用是将打印耗材加热到预设温度后,再从喷嘴中喷出并导到指定位置。喷头在其他传动装置的带动下按固定轨迹的平面移动,材料通过不断地挤出和堆叠,逐步完成三维零件的打印加工。根据不同设备的结构需要,喷头的种类很多。本小节所要组装的喷头结构如图 5.3-1 所示。

2. 工具清单及材料清单

喷头组装工具清单如表 5.3-1 所示,喷头组装材料清单如表 5.3-2 所示。

表 5.3-1　喷头组装工具清单

序　号	工具名称	示意图片	作用说明	备　注
1	十字螺丝刀		用于框架固定螺丝的安装旋紧	

（续表）

序号	工具名称	示意图片	作用说明	备注
2	锉刀	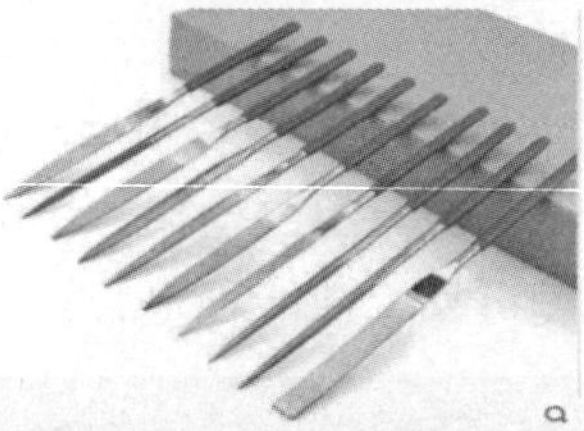	用于喷头零部件的毛边以及缺陷修整	
3	弹簧卡钳	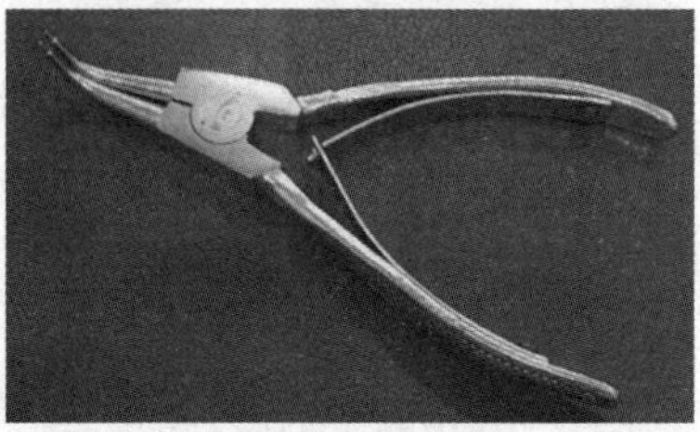	用于直线轴承上弹簧卡片的安装	

表 5.3-2　喷头组装材料清单

序号	步骤名称	示意图片	详细说明	备注
1	前后侧板		用于安装和固定 X 轴方向 6mm 的直线轴承。对喷头组件整体起到支撑和固定各零部件相对位置的作用	数量2个
2	左右侧板		用于安装和固定 Y 轴方向 6mm 的直线轴承。对喷头组件整体起到支撑和固定各零部件相对位置的作用	数量2个
3	上顶板		用于固定喷头组件四周侧板。同时与下底板相连接，对设备整体起到连接和固定各零部件相对位置的作用	数量1个

（续表）

序号	步骤名称	示意图片	详细说明	备注
4	下底板		用于固定喷头组件四周侧板和喷头相关组件。同时与上底板相连接,对设备整体起到连接和固定各零部件相对位置的作用	数量1个
5	喷头固定架		用于固定喷头相关组件。耐高温,耐磨损,能有效起到支撑和固定喷头组件的作用	数量1个
6	喷头组件		用于实现材料的加热和挤出。喷头组件是实现3D打印过程的重要组成部分	数量1套
7	M3-30 铜柱		用于上、下底板之间的连接和固定	数量4个
8	M3-30 螺丝		用于上、下底板之间的连接和固定	数量8个
9	风扇固定架	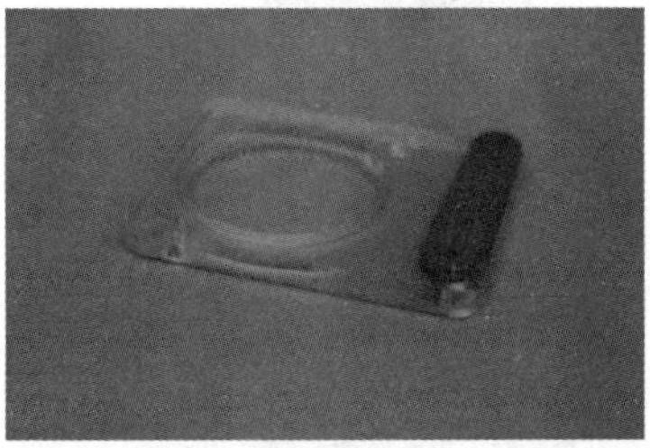	用于固定冷却风扇	数量1个

(续表)

序 号	步骤名称	示意图片	详细说明	备 注
10	风扇	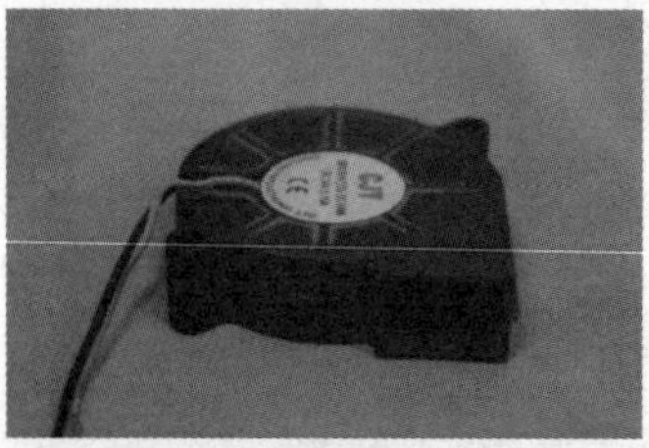	用于冷却打印材料	数量1个
11	弹簧卡圈	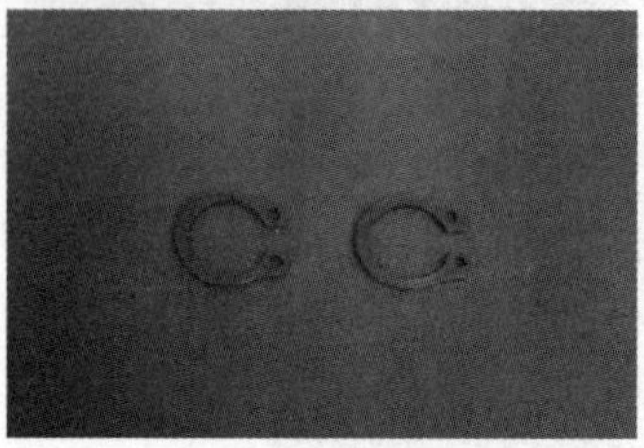	用于直线轴承的轴向限位	数量4个

组装过程

参考示意图,利用所需的工具完成喷头组件的组装。在组装过程中要求合理正确地选用所需的工具,合理安排装配工艺。操作过程如表5.3-3所示。

表5.3-3 喷头组件组装任务书

序 号	步骤名称	示意图片	详细说明	备 注
1	组装弹簧卡片		利用卡簧钳将外弹簧卡片安装在直线轴承两端卡槽内	注意确保弹簧卡片安装在卡槽内,安装效果如图所示
2	组装前侧板和左侧板		将6mm直线轴承分别安装在前侧板和左侧板相应位置上,确保安装位置正确可靠	直线轴承安装位置和方向如图所示
3	组装右侧板		将右侧板安装在相应位置处。注意两侧板轮廓方向相反,确保安装位置正确可靠	右侧板安装位置和方向如图所示

（续表）

序号	步骤名称	示意图片	详细说明	备注
4	组装左、右侧板和前侧板		将左、右侧板和前侧板进行组装，保证各组件的相对位置准确可靠	左、右侧板和前侧板安装位置和方向如图所示
5	组装后侧板		将后侧板安装在已完成的侧板安装组件上。保证各侧板间的相对位置关系正确，确保连接螺丝可以实现可靠的连接和固定	后侧板安装位置和方向如图所示
6	连接和固定各侧板		利用 M3-12 螺丝将各侧板进行连接和固定，确保各侧板间连接可靠，无相对晃动	每个侧板上都有一个连接螺丝，均需按照要求安装
7	安装喷头隔热套	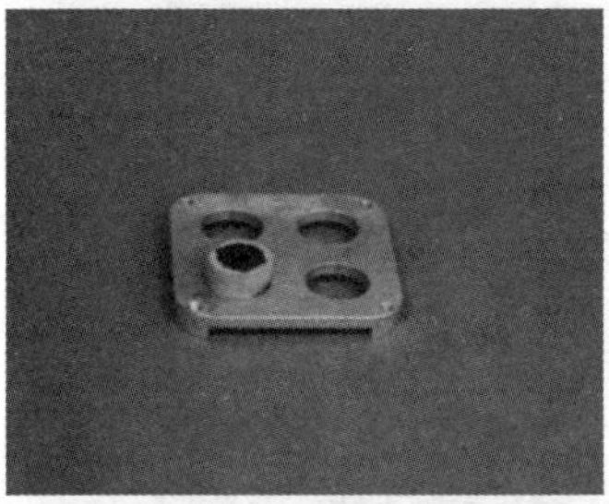	将铁氟龙隔热套安装在喷头固定架上，无特殊要求，任意孔位均可	安装时注意对正孔位，缓慢压入，切记不可敲打砸入
8	安装送料管接头	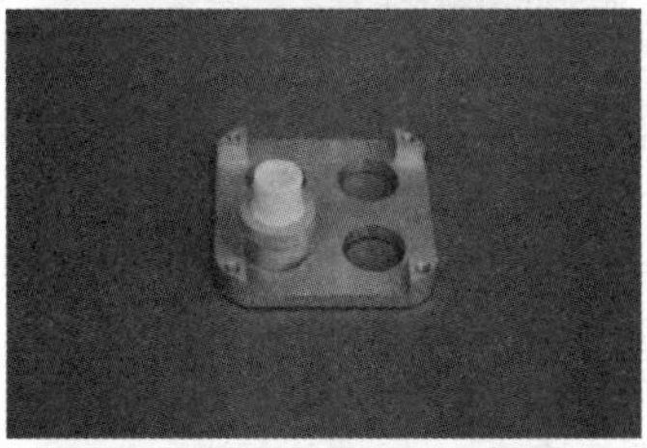	检查隔热套和送料管接头零部件上是否存在毛边和杂物。如有，可进行清理，然后将送料管接头装入隔热套中	安装时注意对正孔位，缓慢压入，切记不可敲打砸入
9	安装下底板	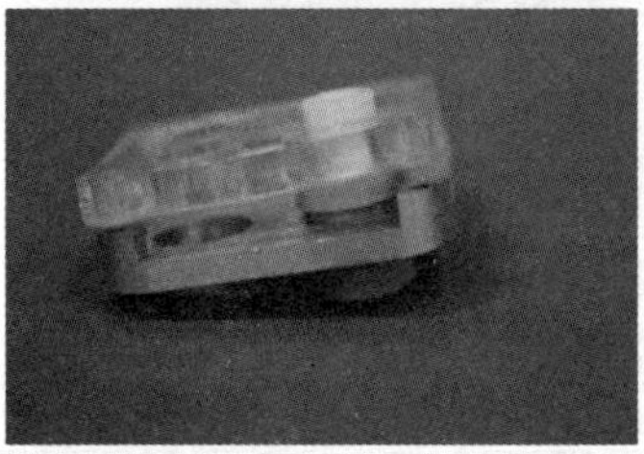	将下底板安装在喷头固定架上，安装时注意保证四个连接孔与喷头支架上的螺纹孔位置正确	下底板上的各孔可以预先进行倒角，这更有利于后面装配

(续表)

序　号	步骤名称	示意图片	详细说明	备　注
10	安装加热块	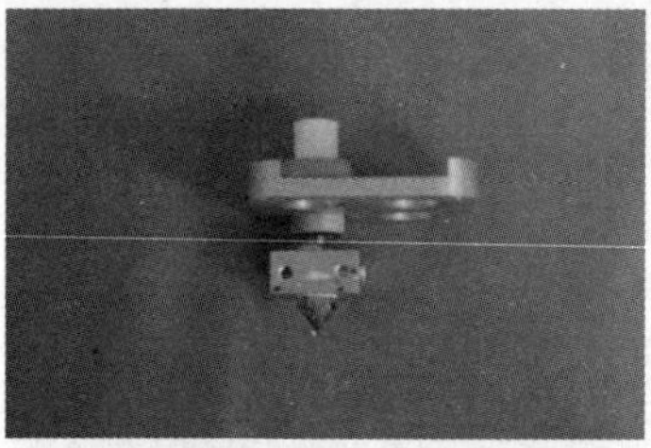	将加热块安装在隔热套上,安装时螺纹配合处需要涂有密封胶,以增加喉管处的密封效果,防止漏的情况发生	连接时应确保螺纹配合紧固可靠。切忌用力过猛,导致螺纹结构被破坏
11	安装风扇支架	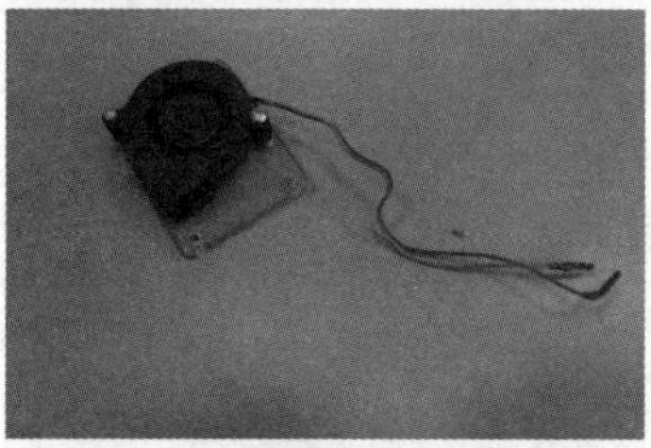	将风扇固定架安装在喷头固定架上,利用两个 M3-30 螺栓连接和固定。风扇固定架的安装有严格的位置要求,不得随意更改	风扇固定架的安装方向和位置如图所示
12	安装侧板	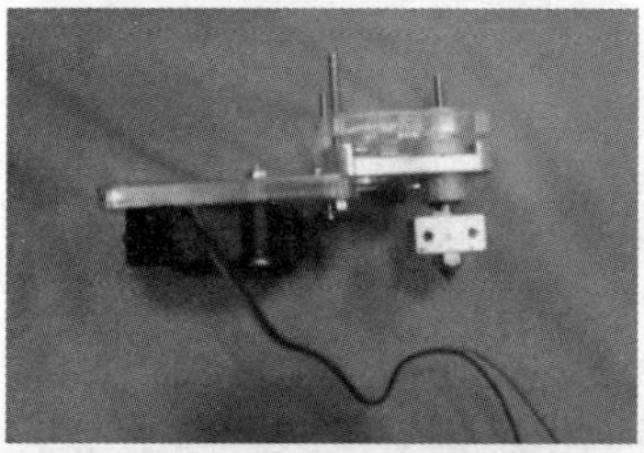	将以组装好的侧板组件安装在下底板相应插孔上,安装时注意保证侧板上的直线轴承方向与喷头相对位置的关系	安装方向和位置如图所示
13	安装铜柱	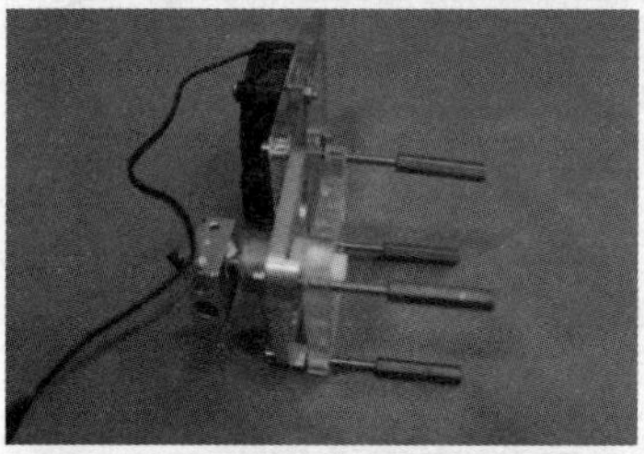	将连接铜柱安装在底板固定螺丝上,旋入深度在 5mm 左右	安装效果如图所示
14	安装上顶板		将上顶板安装在侧板相应插头上,安装侧板上的直线轴承方向与喷头相对位置无特殊要求	安装效果如图所示
15	连接和固定		利用 M3-30 螺栓,将上底板一下底板进行连接和固定。螺栓旋紧力度以保证上、下两底板连接和固定可靠、无相对晃动为准	在旋紧过程中,应以对角旋紧原则为准

学习评价

在表 5.3-4 所示的喷头组件组装学习评价表中,根据评价指标进行客观评价。

表 5.3-4 喷头组件组装学习评价表

评价项目	评价标准	配　　分	自评30%	互评30%	师评40%	综合得分
零部件的识别	能正确识别各零部件的功能及作用	15				
相关工具的使用	能正确使用相关工具完成装配操作	20				
装配精度	能按相关要求完成装配操作,保证装配精度	15				
连接紧固	确保装配过程中每个连接紧固步骤都完成到位,无疏忽遗漏	10				
修配操作	为保证装配精度,根据装配需要合理修整零部件	15				
项目反思	在完成项目的过程中,你遇到了什么样的问题呢?这些问题你是如何解决的呢?你的解决方法是否有效解决了问题并达到了你的预期效果呢?将以上问题回答在下面的空格里。(每回答一个问题得 5 分,书写工整且逻辑清晰的可得 5 分附加分)	25				
具体反思如下:						

第四节　传动部分组装

看懂图 5.4-1 所示的 3D 打印机传动系统,先根据参考图片,分析判断该传动系统组成所需的零部件种类及数量,并选择正确的组装工具进行组装操作。在组装过程中,合理地制定装配工艺,确保各零部件组装位置准确、精度可靠、性能稳定。

图 5.4-1　3D 打印机传动系统

1. 传动系统功能介绍

传动系统是实现 3D 打印机打印动作的重要组成部分,其主要作用是实现打印喷头在 X 轴、Y 轴、Z 轴三个方向的运动,其中 X 轴、Y 轴方向的运动可以有效实现三维模型每层轮廓轨迹的运动,Z 轴方向的运动可以有效实现三维模型层与层之间的叠加。

传动系统的装配精度直接影响到 3D 打印机的打印效果。如果装配精度符合要求,打印过程中的传动状态就会很稳定,可以有效降低电机载荷,提高零部件的打印精度。反之,将增大电机载荷,降低设备的使用寿命;同时影响模型打印精度,甚至产生打印缺陷,如错层或喷头无法移动等情况。

2. 工具清单及材料清单

传动系统组装工具清单如表 5.4-1 所示,传动系统组装材料清单如表 5.4-2 所示。

表 5.4-1 传动系统组装工具清单

序号	工具名称	示意图片	作用说明	备注
1	十字螺丝刀	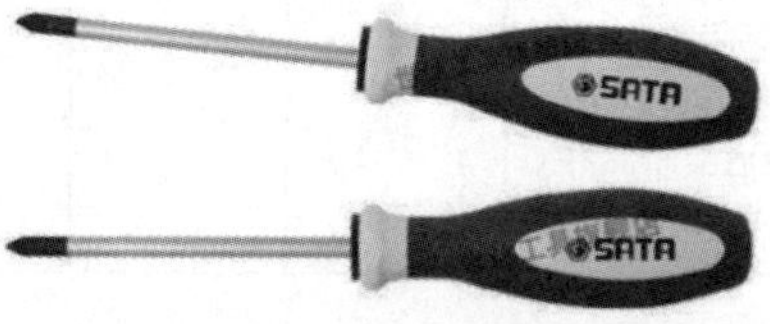	用于框架固定螺丝的安装旋紧	
2	锉刀	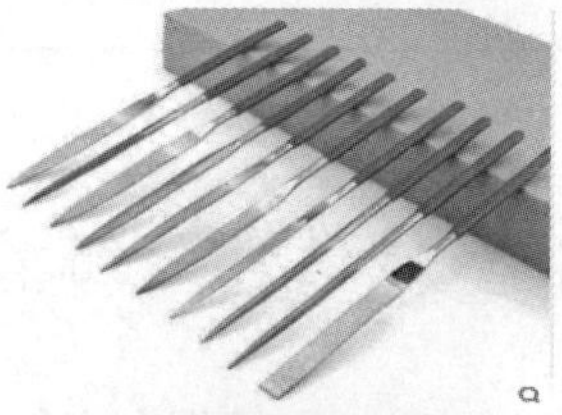	用于框架零部件的毛边以及缺陷修整	
3	手电钻		用于攻丝、钻孔等装配环节	
4	M3 丝锥	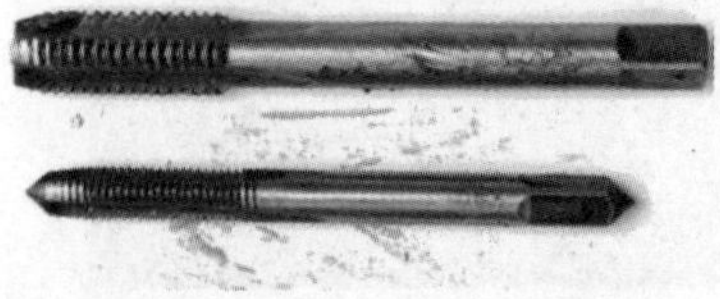	用于安装过程中 M3 内螺纹的加工	

（续表）

序号	工具名称	示意图片	作用说明	备注
5	尖嘴钳	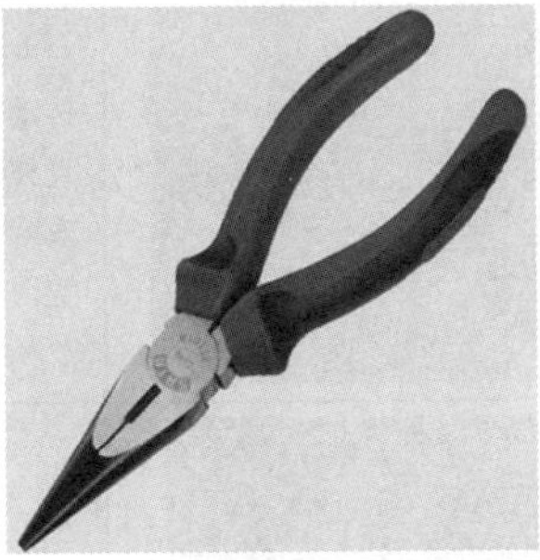	用于同步带的安装和固定	
6	内六角扳手		用于紧固同步带轮	

表 5.4-2 传动系统组装材料清单

序号	步骤名称	示意图片	详细说明	备注
1	轴承滑块		安装在直线轴承上，用于安装和固定喷头、同步带和行程开关	数量4个
2	直线轴承		与直线光轴配合，起到降低传动摩擦和运动导向的作用	数量4个
3	8mm 直线光轴（337mm）		传动系统的导向零部件，与直线轴承配合使用。可以有效降低传动过程中的摩擦并实现 X 轴方向的运动导向	数量2根

（续表）

序号	步骤名称	示意图片	详细说明	备注
4	8mm 直线光轴（357mm）		传动系统的导向零部件，与直线轴承配合使用。可以有效降低传动过程中的摩擦并实现 Y 轴方向的运动导向	数量2根
5	行程挡块	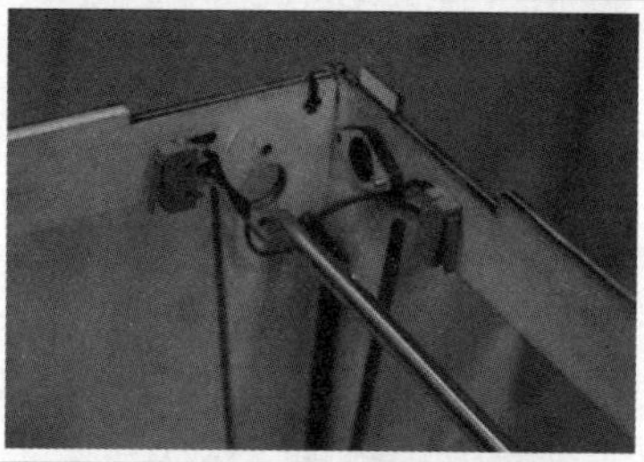	安装在轴承滑块上，用于触发限位开关，实现回原点动作	数量2个
6	8mm 内孔同步带轮		带轮固定在直线光轴上，与同步带配合，传递运动和动力	数量10个
7	2GT-100 环带		2GT-100 环带是光轴与电机之间的动力传递介质。可以将电机的运动传递给光轴，实现光轴的转动	数量2个
8	轴承挡片		安装在 3D 打印机框架上，起到支撑光轴的作用。同时降低光轴转动摩擦力的作用	数量6个
9	菱形挡块		安装在 3D 打印机框架上，可以有效限制滚动轴承的轴向移动	数量6个

(续表)

序　号	步骤名称	示意图片	详细说明	备　注
10	M3-16 螺丝		用于框架壳板之间的连接和固定	数量32个
11	M3 螺母		用于框架壳板之间的连接和固定	数量32个
12	M3 平垫圈		用于框架壳板之间的连接和固定。以减小承压面的压应力并保护被连接件的表面	数量32个
13	M3 弹簧垫圈		用于框架壳板之间的连接和固定。可以有效防止连接螺母松脱	数量32个

组装过程

参考示意图，利用所需的工具完成传动系统的零部件组装。在组装过程中要求合理正确地选用所需的工具，合理安排装配工艺。操作过程如表 5.4-3 所示。

表 5.4-3　3D 打印机传动系统组装任务书

序　号	步骤名称	示意图片	详细说明	备　注
1	组装轴承滑块		将直线轴承装入轴承滑块相应的孔中。其中两个滑块可直接使用螺丝紧固	安装效果如图所示

（续表）

序　号	步骤名称	示意图片	详细说明	备　注
2	安装行程挡块		直线轴承的安装方法与步骤1相同。但在利用螺钉紧固前将限位挡块安装在轴承滑块上的预留孔中	限位挡块安装方向一上一下，如图所示
3	组装X轴方向主动轴光轴零部件	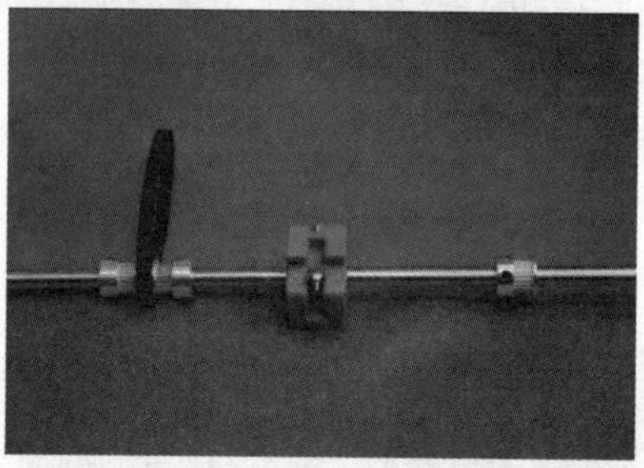	光轴上零部件安装顺序从左到右依次为环带、同步带轮两个、轴承滑块、同步带轮一个、带孔菱形挡块	注意滑块的安装方向，效果如图所示
4	组装X轴方向从动轴光轴零部件		光轴上零部件安装顺序依次为带孔菱形挡块、同步带轮一个、轴承滑块、同步带轮一个、带孔菱形挡块	注意滑块的安装方向以及限位挡块位置，效果如图所示
5	组装Y轴方向主动轴光轴零部件	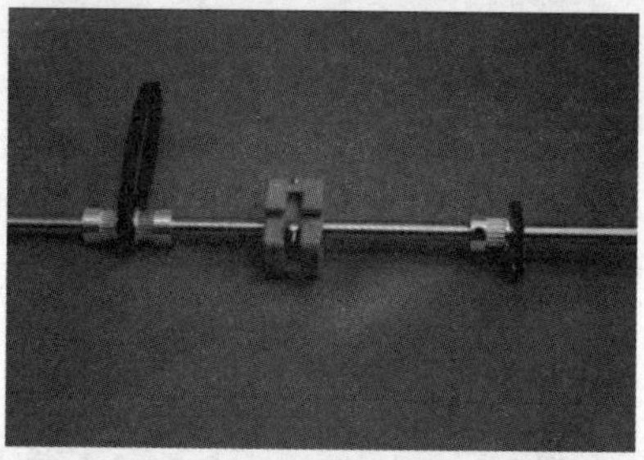	光轴上零部件安装顺序从左到右依次为环带、同步带轮两个、轴承滑块、同步带轮一个、带孔菱形挡块	注意滑块的安装方向，效果如图所示
6	组装Y轴方向从动轴光轴零部件	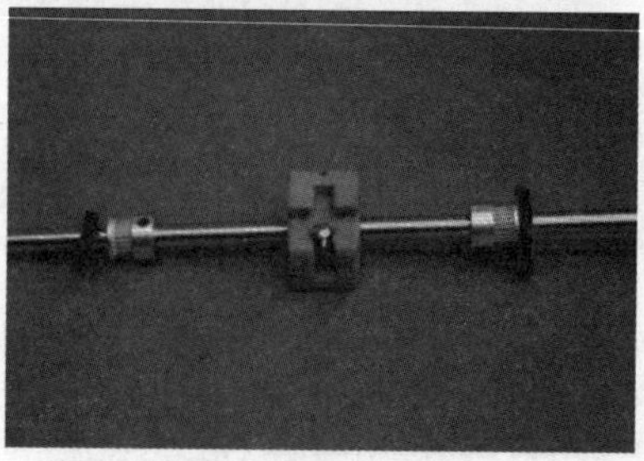	光轴上零部件安装顺序依次为带孔菱形挡块、同步带轮一个、轴承滑块、同步带轮一个、带孔菱形挡块	注意滑块的安装方向以及限位挡块位置，效果如图所示

(续表)

序号	步骤名称	示意图片	详细说明	备注
7	安装滚动轴承	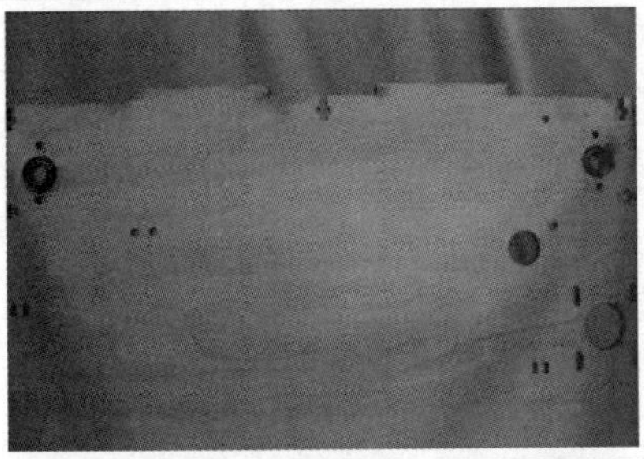	将滚动轴承安装在背板相应的孔位处。安装时应缓慢压入轴承，不可用力敲打	轴承安装效果如图所示
8	安装X轴方向主动轴	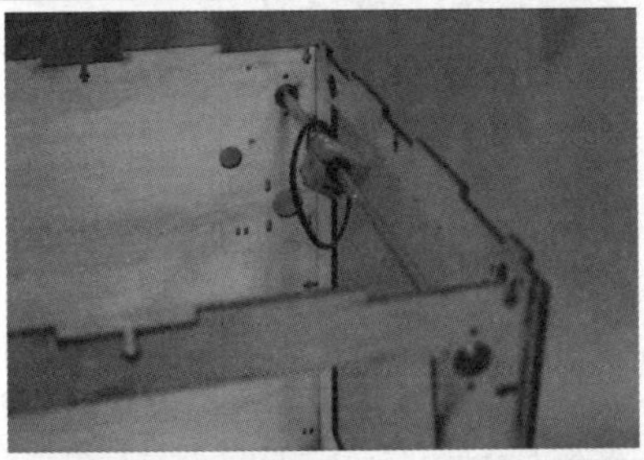	双手抓住X轴方向主动轴两端。将一段放入前面板轴承孔中，另一端装入背板轴承小径孔中，光轴端面不可长出轴承端面	安装时不要敲打，将光轴缓慢装入轴承小径孔中
9	安装X轴方向从动轴	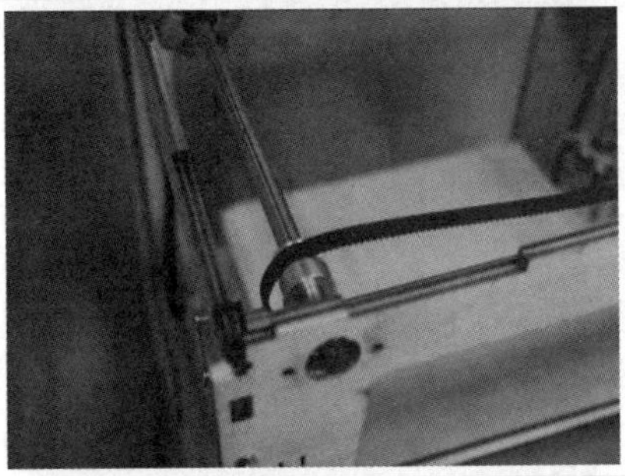	方法同步骤8	安装时不要敲打，将光轴缓慢装入轴承小径孔中
10	安装Y轴方向主动轴		方法同步骤8	
11	安装Y轴方向从动轴		方法同步骤8	

(续表)

序号	步骤名称	示意图片	详细说明	备注
12	安装前面板滚动轴承		一手抓住孔内光轴，一手安装滚动轴承。在安装过程中，另一只手不断调整光轴位置以保证光轴装入轴承的同时，轴承也装入前面板上	
13	安装右侧板滚动轴承		方法同步骤12	
14	安装菱形挡块		M3-16 螺丝从实心菱形挡圈穿入，穿过壳板后与空心菱形挡圈上的螺纹孔配合。利用十字螺丝刀紧固	
15	紧固环带带轮		将环带挂在同步带轮上。带轮位置调整到壳板侧面靠近滚动轴承位置处，带轮与轴承间留有约0.1毫米的间隙。利用内六角扳手紧固同步带轮	
16	安装X轴方向同步带		将同步带环绕在两端带轮上。带轮位置调整到壳板侧面靠近滚动轴承位置处，不需紧固。将同步带两端固定在滑块卡槽出。利用内六角扳手紧固同步带轮	

（续表）

序号	步骤名称	示意图片	详细说明	备注
17	安装 Y 轴方向同步带		将同步带环绕在两端带轮上。带轮位置调整到壳板侧面靠近滚动轴承位置处，不需紧固。将同步带两端固定在滑块卡槽处。利用内六角扳手紧固同步带轮	

学习评价

在表 5.4-4 所示的传动系统组装学习评价表中，根据评价指标进行客观评价。

表 5.4-4 传动系统组装学习评价表

评价项目	评价标准	配分	自评30%	互评30%	师评40%	综合得分
零部件的识别	能正确识别各零部件的功能及作用	15				
相关工具的使用	能正确使用相关工具完成装配操作	20				
装配精度	能按照相关要求完成装配操作，保证装配精度	15				
连接紧固	确保装配过程中每个连接紧固步骤都完成到位，无疏忽遗漏	10				
修配操作	为保证装配精度，根据装配需要合理修整零部件	15				
项目反思	在完成项目的过程中，你遇到了什么样的问题呢？这些问题你是如何解决的呢？你的解决方法是否有效解决了问题并达到了你的预期效果呢？将以上问题回答在下面的空格里。（每回答一个问题得 5 分，书写工整且逻辑清晰的可得 5 分附加分）	25				
具体反思如下：						

第五节 挤出系统组装

看懂图 5.5-1 所示的 3D 打印机挤出系统，先根据参考图片，分析判断该挤出系统组成所需的零部件种类及数量，并选择正确的组装工具进行组装操作。在组装过程中，合理制定装配工艺。确保各零部件组装位置准确、精度可靠、性能稳定。

图 5.5-1　3D 打印机挤出系统

1. 3D 打印机挤出系统功能介绍

挤出系统是 3D 打印机的重要组成部分,其主要作用是实现打印耗材的输送和进给。将打印耗材加热到预设温度后,再从喷嘴中喷出,导到指定位置。喷头在其他传动装置的带动下按固定的轨迹平面移动,材料通过不断地挤出和堆叠,逐步完成三维零部件的打印加工。根据不同设备的结构需要,喷头可供选择的种类很多。

2. 工具清单及材料清单

挤出系统组装工具清单如表 5.5-1 所示,挤出系统组装材料清单如表 5.5-2 所示。

表 5.5-1　挤出系统组装工具清单

序　号	工具名称	示意图片	作用说明	备　注
1	十字螺丝刀		用于框架固定螺丝的安装旋紧	
2	锉刀		用于框架零部件的毛边以及缺陷修整	

表 5.5-2　挤出系统组装材料清单

序号	步骤名称	示意图片	详细说明	备注
1	送丝轮		安装于电机轴上，利用自身轮齿啮合材料，以推动材料前进，实现送料动作	数量1个
2	送丝轴承		用于挤出系统送料导向并减少送料过程中的摩擦	数量1个
3	M3-30 螺丝	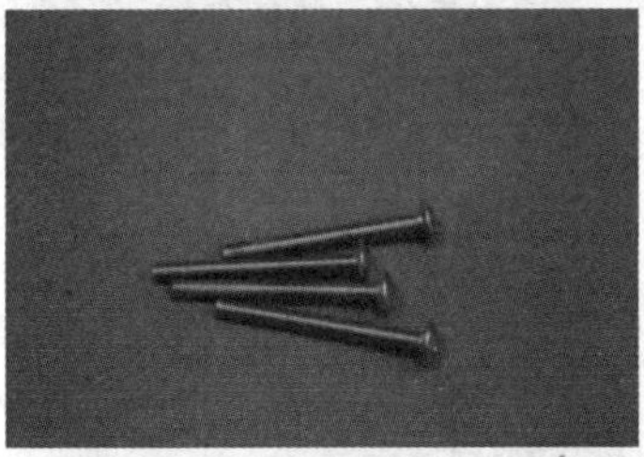	用于连接和固定挤出系统各零部件	数量1个
4	M4-15 螺丝		用于安装送丝轴承	数量1个
5	弹簧		用于增加挤出系统预紧力。使送丝轮与材料之间产生摩擦力，实现挤出系统的送料动作	数量1个
6	步进电机		步进电机是挤出系统的动力源，根据主板信号实现送料动作	数量1个

(续表)

序 号	步骤名称	示意图片	详细说明	备 注
7	打印散件	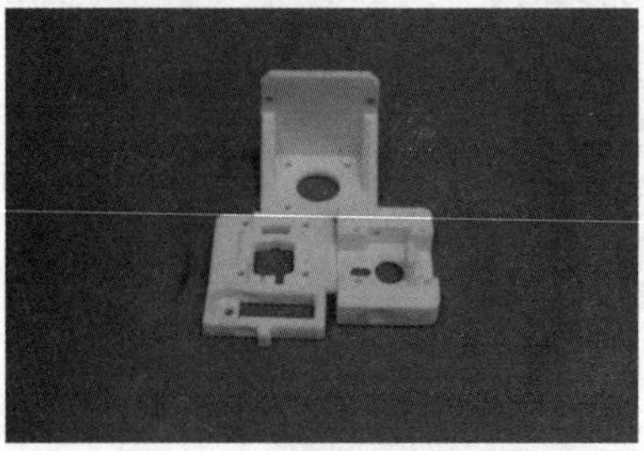	用于连接和固定挤出系统各零部件的相对位置,并实现挤出系统各部分的相对运动	数量 1 套

组装过程

参考示意图,利用所需的工具完成挤出系统的零部件组装。在组装过程中要求合理正确地选用所需的工具,合理安排装配工艺。操作过程如表 5.5-3 所示。

表 5.5-3　挤出系统组装任务书

序 号	步骤名称	示意图片	详细说明	备 注
1	安装送丝轮		将送丝轮按如图所示的方向安装在电机轴上,紧定螺钉的紧定面为电机轴上的平面位置	两板的位置和方向如图所示
2	安装送丝轴承		将送丝轴承安装在压紧滑块的轴承安装孔中。利用 M4X16 螺丝固定	前面板的位置和方向如图所示
3	安装压紧块		将压紧块装入挤出系统主体中,方向和位置如图所示	右侧板带有数据接口孔,不可与左侧板混淆

(续表)

序号	步骤名称	示意图片	详细说明	备注
4	安装夹紧弹簧		在加紧块的相应位置装入弹簧,保证压紧块使用具有反向预紧力	左侧板与右侧板的区别在于没有数据接口孔,但有电机固定孔
5	安装盖板		盖板安装于挤出系统主体上方,位置如图所示	
6	安装紧定螺丝		将 M3X30 螺丝穿入相应孔位处,方向如图所示	
7	安装挤出系统支架		将步进电机与挤出系统支架的相对位置确定,方向和位置如图所示	
8	连接电机与挤出系统主体		将以组装完成的挤出系统主体与步骤 7 完成的内容进行组装,将螺丝旋紧保证连接牢固可靠,完成挤出系统的安装	

学习评价

在表 5.5-4 所示的 3D 打印机挤出系统组装学习评价表中,根据评价指标进行客观评价。

表 5.5-4　3D 打印机挤出系统组装学习评价表

评价项目	评价标准	配　分	自评 30%	互评 30%	师评 40%	综合得分
零部件的识别	能正确识别每个零部件的功能以及作用	15				
相关工具的使用	能正确使用相关工具完成装配操作	20				
装配精度	能按照相关要求完成装配操作,保证装配精度	15				
连接紧固	确保装配过程中每个连接紧固步骤都完成到位,无疏忽遗漏	10				
修配操作	为保证装配精度,根据装配需要合理修整零部件	15				
项目反思	在完成项目的过程中,你遇到了什么样的问题呢?这些问题你是如何解决的呢?你的解决方法是否有效解决了问题并达到了你的预期效果呢?将以上问题回答在下面的空格里。(每回答一个问题得 5 分,书写工整且逻辑清晰的可得 5 分附加分)	25				
具体反思如下:						

第六节　线路部分连接

看懂图 5.6-1 所示的 3D 打印机线路连接系统,先根据参考图片,分析判断该连接系统完成所需的零部件种类及相关工具。并根据图片效果合理制定装配工艺,确保各电器元件之间的线路连接可靠、性能稳定。

图 5.6-1　3D 打印机线路连接系统

1. 3D打印机线路系统功能介绍

线路系统是实现 3D 打印机打印动作控制的重要组成部分,其主要作用是实现主板与各个部分电气元件之间的连接并实现控制信号的传递。3D 打印机的线路系统分为移动控制系统、信号反馈系统等。

移动控制系统可将主板控制信号进行传递,准确控制 3D 打印机在 X、Y、Z、E 轴四个方向上的运动。信号反馈系统可将设备的当前状态实时反馈给主板控制部分,例如,喷头当前所处的位置、温度等参数的控制,都是由信号反馈系统实现的。线路连接示意图如图 5.6-2 所示。

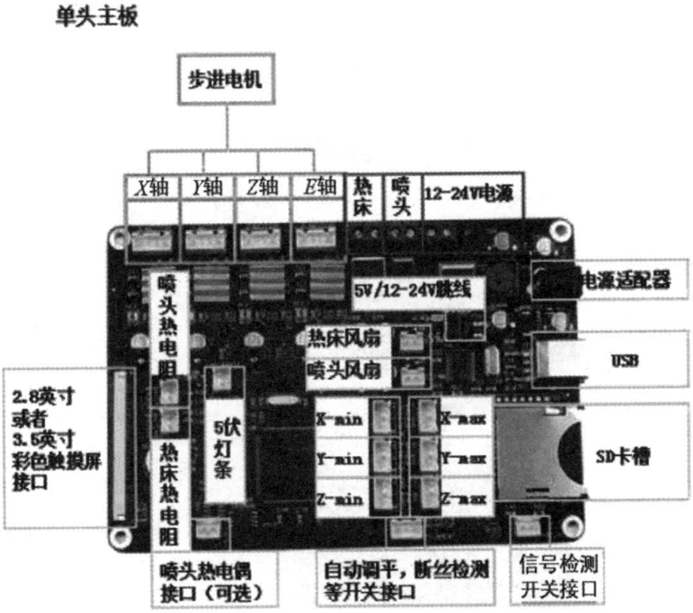

图 5.6-2 线路连接示意图

2. 工具清单及材料清单

线路连接组装工具清单如表 5.6-1 所示,线路连接组装材料清单如表 5.6-2 所示。

表 5.6-1 线路连接组装工具清单

序号	工具名称	示意图片	作用说明	备注
1	剥线钳		剥线钳用于导线线路连接过程中的剥皮。将待剥皮的线头置于钳头的刃口中,用手将两钳柄一捏,然后一松,绝缘皮便与芯线脱开	

(续表)

序号	工具名称	示意图片	作用说明	备注
2	端子接线钳	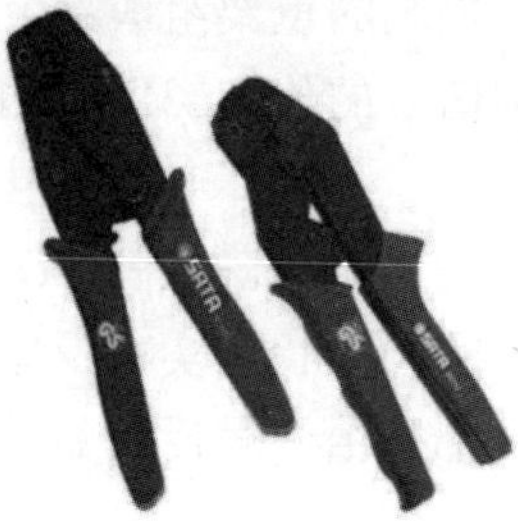	适用于导线与端子连接的场合。将端子放入卡钳的指定位置，插入导线。用力压下卡钳手柄，可实现导线与端子的快速可靠连接	
3	热缩管		用于导线连接后的绝缘保护场合。将热缩管套入导线连接处，将热缩管加热。使其收缩后紧紧包裹住连接处的裸露导线，可有效绝缘保护线路	
4	电烙铁		用于导线连接或导线与电器元件间的线路焊接。将电烙铁加热到指定温度，双手分别持烙铁和焊锡丝将连接部分线路焊接相连	
5	万用表	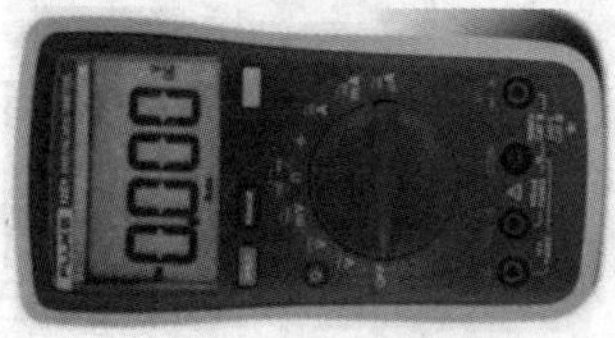	用于线路连接后的通断电测试和设备电压、电流的测量	
6	一字螺丝刀	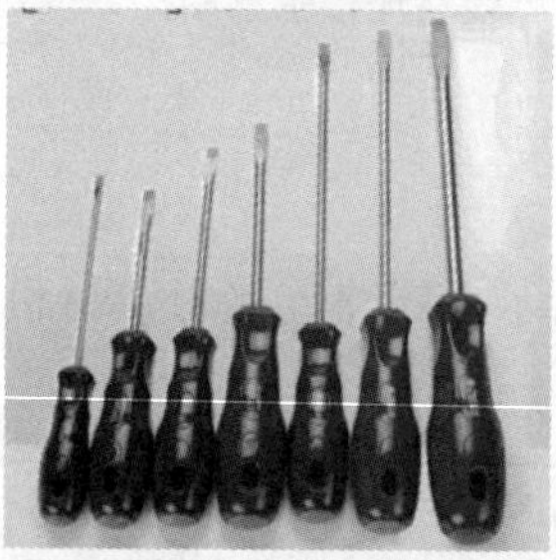	用于紧定主板、加热棒、热床等元件的电源导线	
7	十字螺丝刀	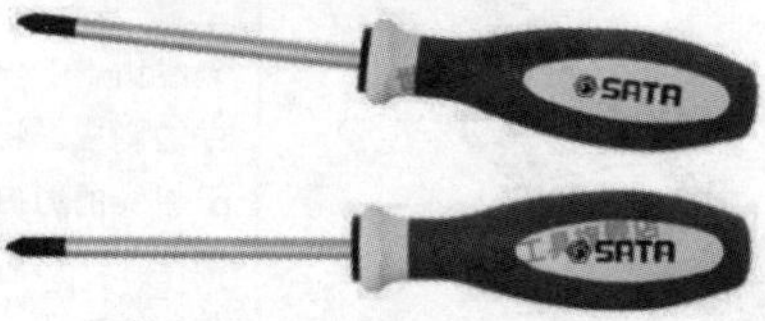	用于紧定电源接口、稳压电源等元件的导线连接	

表 5.6-2　线路连接组装材料清单

序　号	步骤名称	示意图片	详细说明	备　注
1	X、Y、Z、E 轴电机连接线	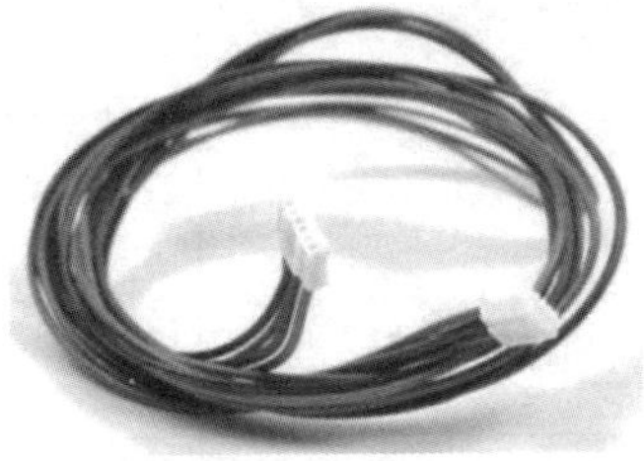	安装在直线轴承上,用于安装和固定喷头、同步带和行程开关	数量4个
2	加热棒		传动系统的导向零部件,与直线轴承配合使用。可以有效降低传动过程中的摩擦并实现 X 轴方向的运动导向	数量2根
3	热敏电阻	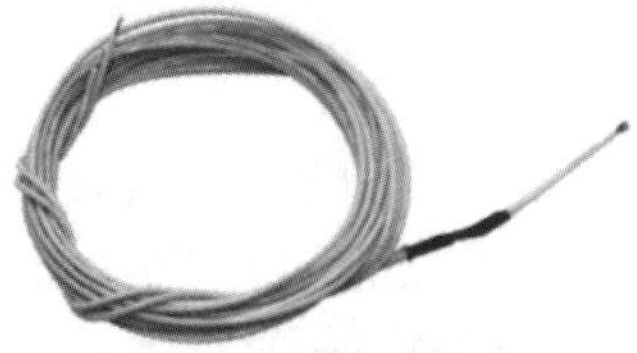	传动系统的导向零部件,与直线轴承配合使用。可以有效降低传动过程中的摩擦并实现 Y 轴方向的运动导向	数量2根
4	缠绕带		安装在轴承滑块上,用于触发限位开关,实现回原点动作	数量2个
5	扎带		带轮固定在直线光轴上,与同步带配合,传递运动和动力	数量10个
6	电源开关		电源开关是光轴与电机之间的动力传递介质。可以将电机的运动传递给光轴,实现光轴的转动	数量2个

（续表）

序　号	步骤名称	示意图片	详细说明	备　注
7	送料管		安装在3D打印机框架上，起到支撑光轴的作用。同时降低光轴转动摩擦力的作用	数量6个
8	快换接头		安装在3D打印机框架上，可以有效限制滚动轴承的轴向移动	数量2个

组装过程

参考示意图，利用所需的工具完成3D打印机的线路连接。接线过程中要求合理正确地选用所需的工具，合理安排装配工艺。操作过程如表5.6-3所示。

表5.6-3　3D打印机线路组装任务书

序　号	步骤名称	示意图片	详细说明	备　注
1	排线安装		拨起插槽紧定拨片，将排线正向装入主板与显示屏上相应的插槽中。压紧定拨片，完成排线安装	
2	主板电源接线		主板电源线分为正、负两极。将不同颜色的导线分别接入电源与主板对应极性的接线孔内	注意观察电源主板接线孔上的"+""−"符号
3	电源插口安装和接线		电源插口安装在背板对应空位处。插口接线对应稳压电源极性。参考电源相关的提示符号接线	

(续表)

序号	步骤名称	示意图片	详细说明	备注
4	喷头部分接线		将热敏电阻、加热棒安装在喷头加热端指定孔位处并以紧定螺丝固定。延长连接冷却风扇线路，与加热棒、热敏电阻线一起从支架孔内向上穿出	线路不要过于拉紧，效果如图所示
5	送料管安装	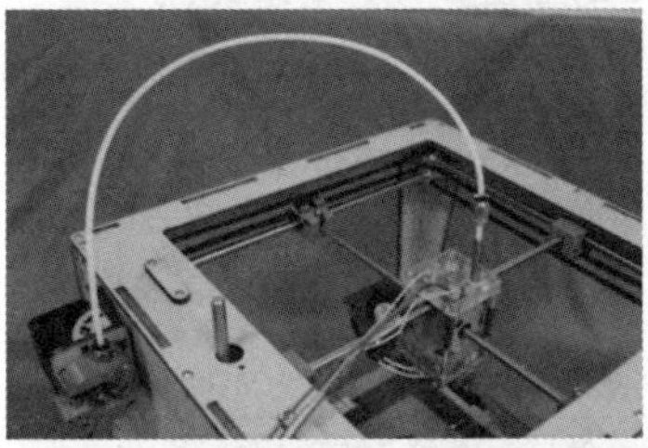	送料管一端装入快换接头内，伸出长度约为30mm，并套入不锈钢导管内部。将不锈钢导管装入到喷头送料孔内，将快换接头连接在喷头上。将送料管用力插入到底部位置	注意滑块的安装方向，效果如图所示
6	喷头部分线路整理	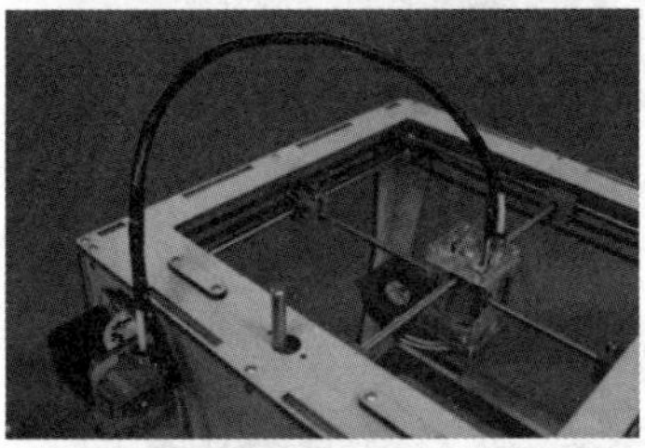	将喷头部分线路与送料管合并，利用缠绕带收拢整理。在E轴电机处停滞缠绕	缠绕规范、紧密，效果如图所示
7	挤出系统线路连接	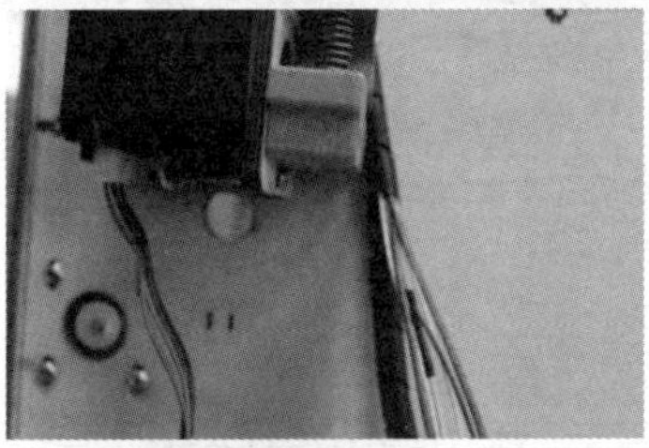	安装E轴电机线	注意确认端口方向
8	挤出系统线路整理	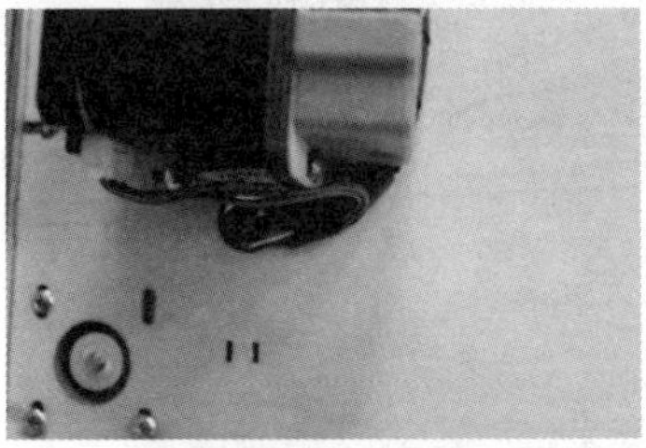	将E轴电机线路与的喷头部分线路合并。利用缠绕带继续缠绕整理，并从预留穿线孔穿入机器内部	安装时确保E轴电机连接可靠
9	X轴方向电机接线		安装X轴方向电机线	注意确认端口方向

（续表）

序号	步骤名称	示意图片	详细说明	备注
10	X 轴方向电机线路整理	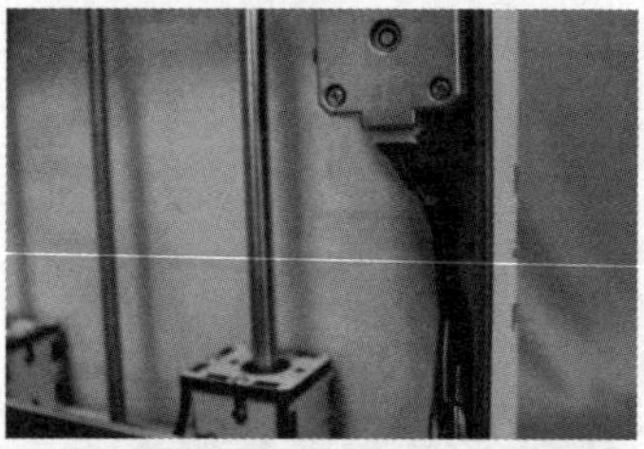	将 X 轴方向电机线路与上一步线路合并。利用缠绕带继续缠绕整理，并从预留穿线孔穿入机器底部	安装时确保 X 轴电机连接可靠
11	支路 1 主板连接	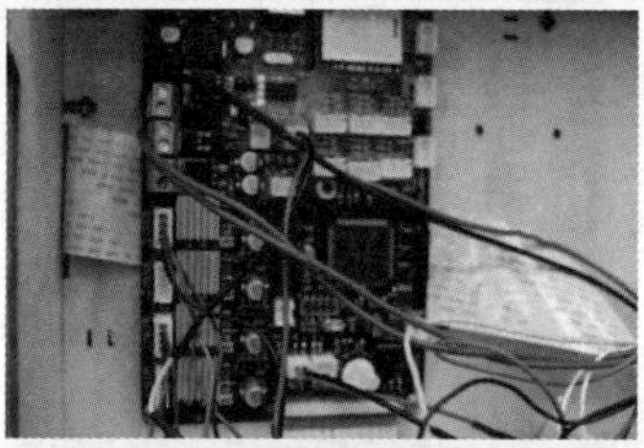	将加热棒、热敏电阻、冷却风扇、E 轴电机、X 轴电机插入主板对应的插孔处。参考图 5.6-2	确保线路插口连接可靠
12	线路整理 1		利用扎带、缠绕带将线路整理并固定在机器底板上，效果如图所示	
13	X、Y 轴行程开关线路连接		利用缠绕带将 X、Y 轴方向行程开关线路缠绕收拢	
14	X、Y 轴行程开关线路整理		利用扎带将线路固定在机器壳板上	
15	X、Y 轴行程开关线路主板接线		如图所示，将 X、Y 轴方向行程开关线路连接到主板制定接口处。接口位置参考图 5.6-2	

（续表）

序号	步骤名称	示意图片	详细说明	备注
16	Z轴行程开关线路主板接线	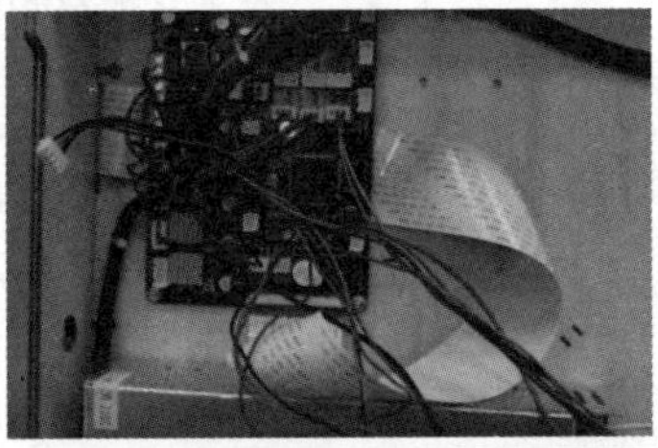	将X轴方向电机线与Z轴方向行程开关线路合并利用缠绕带整理，由预留穿线口穿入设备底部。Z轴行程开关插入对应接口处。参考图5.6-2	参考步骤9至12
17	Y轴电机主板接线	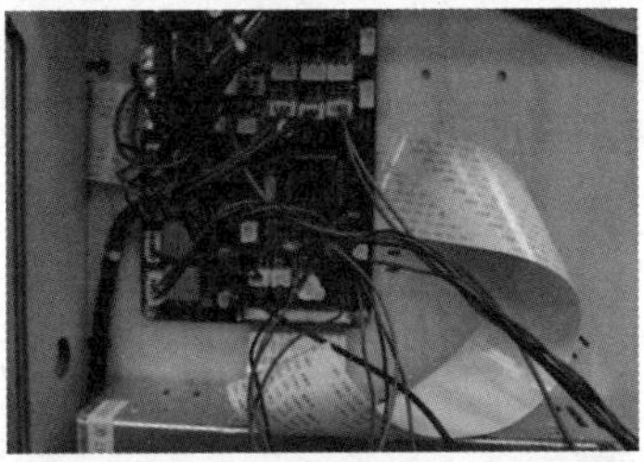	如图所示，将Y轴电机线接入对应插口中。位置参考图5.6-2	
18	线路整理2		利用缠绕带将线路缠绕收拢，效果如图所示	
19	Z轴电机主板接线		如图所示，将Z轴电机线接入对应插口中。位置参考图5.6-2	
20	线路整理3		利用扎带、缠绕带将线路整理并固定在机器底板上，效果如图所示	

学习评价

在表5.6-4所示的线路连接组装学习评价表中，根据评价指标进行客观评价。

表 5.6-4 线路连接组装学习评价表

评价项目	评价标准	配分	自评 30%	互评 30%	师评 40%	综合得分
零部件的识别	能正确识别各零部件的功能及作用	15				
相关工具的使用	能正确使用相关工具完成装配操作	20				
装配精度	能按照相关要求完成装配操作,保证装配精度	15				
连接紧固	确保装配过程中每个连接紧固步骤都完成到位,无疏忽遗漏	10				
修配操作	为保证装配精度,根据装配需要合理修整零部件	15				
项目反思	在完成项目的过程中,你遇到了什么样的问题呢?这些问题你是如何解决的呢?你的解决方法是否有效解决了问题并达到了你的预期效果呢?将以上问题回答在下面的空格里。(每回答一个问题得 5 分,书写工整且逻辑清晰的可得 5 分附加分)	25				

具体反思如下:

第七节 3D 打印机的固件调试

看懂图 5.7-1 所示的 3D 打印机固件,先根据参考图片,分析判断该固件组成所需的零部件种类及数量。并选择正确的组装工具进行组装操作。在组装过程中,合理制定装配工艺。确保各零部件组装位置准确、精度可靠、性能稳定。

图 5.7-1 3D 打印机固件

1. 3D打印机固件功能介绍

3D打印机固件，是指3D打印机的可信控制代码。将固件代码烧录到主板内部，就可以实现3D打印机的动作控制。目前固件形式可分为开源和闭源两种。开源固件是指能知道它里面的程序，且可以更改。闭源是指只对固件有使用权而没有更改的权利。固件参数的设置与打印机硬件参数是相互对应的关系。不同的3D打印机，固件参数也不相同。

2. 固件设置过程

完成3D打印机的组装以及线路的连接以后，有时会出现设备动作与实际需要不符的情况。常见的有电机反转、打印出丝稀薄、行程超程、移动速度不合理等情况，结合实际尺寸和硬件的参数，合理设置固件的相应参数，可以有效解决以上情况。操作过程如表5.7-1所示。

表 5.7-1 3D打印机固件设置任务书

序号	步骤名称	示意图片	详细说明	备注
1	步进电机方向控制	;【步进电机方向控制】I1与I-1的方向刚好相反，所以，: M8002 I-1 ;X步进电机方向，I1或I-1 M8003 I1 ;Y步进电机方向 M8004 I-1 ;Z步进电机方向 M8005 I-1 ;E步进电机方向 M8005 I1 E2 ;设置第二个E步进电机方向，I1或I-1 M8005 I1 E3 ;设置第三个E步进电机方向，I1或I-1,	方向以正、负来区分，如果电机反转情况出现，可更改符号，设置X、Y、Z、E数值为-1、1、-1、-1	

2	移动配置	;【XYZ轴挤出头/平台移动配置】仅仅会影响手动界面
		M8005 X0 ;0:X轴方向 挤出头运动
		              ;1:X轴方向 平台运动 目前市
		M8005 Y0 ;0:Y轴方向 挤出头运动
		              ;1:Y轴方向 平台运动 目前I3
		                                           delta
		M8005 Z0 ;0:Z轴方向 挤出头运动
		              ;1:Z轴方向 平台运动 ，ultime
			根据设备结构确定，喷头移动输入数值0	。

3	速度配置	;【速度/加速度设置】速度以mm/s为单位，加速度以mm/s
		M8006 I80 ;最大的起步速度，当运动速度起过此速
		               此值主要是防止丢步，此值过小，会
		M8007 I25 ;最大的转弯速度值（对应开源固件中的j
		               会强制令运动减速
		M8008 I1000 ;加速度，该值越大，实际运行的平均速度
			最大起步速度为80mm/s，最大转弯速度为25mm/s，加速度为1000mm/s	

4	步进电机的相关参数	;【【步进相关参数】】参数设置完，请打印一个立方体，然
		                如果机器为delta结构，请将XYZ的电机参数设成
		M8009 S0.0125 ;【XY每一步的mm值】如20齿，齿距为2mm(mxl规格
		                     16细分，则为(20*2)/((360/1.8)*16)
		M8009 X0.0125 Y0.0125 ;如果需要独立设置X,Y步进电机参数，
		M8010 S0.00125 ;【Z每一步的mm值】在非三角洲的机器上，计算
		                     如果是在三角洲机器上，请设置成和XY参数相互
			X、Y步值均为0.0125mm，Z步值为0.00125mm	

5	各方向的运动速度	;【各种速度最大值】为了保证机器能够稳定，请根据实测结果进行 M8012 I200 ;XY运动的最大速度mm/s M8013 I20 ;Z运动的最大速度mm/s M8014 I150 ;挤出机的最大速度mm/s	X、Y的最大运动速度为200mm/s，Z的最大运动速度为20mm/s，E的最大运动速度为150mm/s	

（续表）

序号	步骤名称	示意图片	详细说明	备注
6	归零速度	【归零速度】makerware切片软件切片，会忽略这个归零速度，因为其gcode中有指定 M8015 I10 ;XY归零时的第一次归零速度，速度较快，手动界面的移动速度也和这 M8015 S30 ;XY归零时的第二次归零速度，速度较慢，手动界面的XY移动速度 M8016 I6 ;Z归零时的第一次归零速度，速度较快，降低第二次归零速度可以 M8016 S10 ;Z归零时的第二次归零速度，速度较慢，降低第二次归零速度可以	X、Y的第一次归零速度为30mm/s，第二次归零速度为10mm/s，Z的第一次归零速度为10mm/s，第二次归零速度为6mm/s	
7	预挤出配置	【打印前的预挤出】 M8017 I10 ;预挤出长度mm，第一层与底板的是否粘牢直接 M8018 I70 ;挤出机的最大预挤出速度mm/s，非减速齿轮送	基础长度为10mm，预挤出速度为70mm/s	
8	耗材直径设置	【默认耗材直径】单位是mm M8021 S1.75 ;耗材直径	耗材直径为1.75mm	
9	挤出头温度设置	【挤出头最高温度】 M8022 I245 ;挤出头支持的最高温度，设置此温度为了防止压 热阻只能到260度，peek管也大概在260度开始软	挤出头最高温度为245度	
10	温度相关设置	【热床最高温度】 M8023 I120 ;热板最高温度，温度过高容易损坏热板 【温度出错检测】默认的温度出错检测会在温度传感器未插好或是加热 强烈建议不要禁止此功能 M8023 T0 ;0: 使能温度检测 1: 禁止挤出头和热床温度出错检测 2: 仅禁止热床的温度出错检测	最高温度为120度	
11	行程设置	【X, Y, Z最大行程】请根据实际打印尺寸进行设置，单位mm 请务必认真设置此参数！！！！，如果设置过小，在打 则无法打印，如果设置过大，则在切片移动指令超出实际机 出的位置超过delta结构，会忽略下列列参数 如果机器是delta结构，会忽略下列列参数 X最大行程，在lcd使能声音的情况下，打印时超出行程的运动 手动界面操作时不会有行程限制 M8024 I200 ;X最大行程 M8025 I200 ;Y最大行程 M8026 I200 ;Z最大行程	X、Y、Z的最大行程为200mm、200mm、200mm	
12	热床设置	【热床使能】有些机器会希望禁止热床，可以通过该指令禁止热床 M8027 T1 ;1: 使能热床 0: 禁止热床	热床设置为1	
13	限位开关位置类型设置	【XY轴限位开关位置类型】 0: reprap机型，通常使用repetier-host和cura，限位开关位置在x、y的零点， 限位安装在X-, Y-，限位时，挤出头在平台的左前方 1: makerbot 类似机型，通常使用replicatorG/makerware/makerbot deskto 限位位置在x,y的最大值处，限位接X+, Y+，限位时，挤出头在平台的右后方 2: ultimaker机型，双边都带限位开关 3: 限位时，挤出头在平台的左右方（限位接X-, Y+） 4: 限位时，挤出头在平台的右前方（限位接X+, Y-） 对于delta型机型，会忽略此参数，限位开关全部都对X+, Y+, Z+, M8029 I0 ;0: 单边零点限位（左前），Xlmendel,I3... 1: 单边大点限位（右后），如makerbot机型 2: 双边限位，Xultimaker机型 3: 左右前方限位（极少） 4: 右前方限位（极少）	限位开关位置设置为单边零点限位0	
14	限位开关相关设置	【XYZ限位开关接线类型】如果此配置错误，在手动界面操作电机时，在某个方向电机 都会出滴滴的声音 简单的判断方法，如果配置正常，由未限位变成限位时，蜂鸣器会 而由限位变成未限位时，蜂鸣器不会发声，如果现象相反，则此配置错 M8029 T0 ;0: 限位开关常开（未限位时和s电压为高电平，限位时为低电平） 1: 限位开关常闭（未限位时和s电压为低电平，限位时为高电平） 【Z轴限位开关位置】 M8029 S0 ;0: 挤出头离开平台最近时限位，限位接Z- 1: 挤出头离开平台最远时限位，限位接Z+ 【XYZ轴归位后是否回(0,0,0)，仅限XYZ或xyhbot机型】 M8029 C0 ;0: 回XYZ(0,0,0)位置，即挤出头回到平台左前方的位置 1: 停留在限位位置	行程开关状态为常开0	

(续表)

序　号	步骤名称	示意图片	详细说明	备　注
15	机器类型设置	【机器类型】 M8080 I0　;0: XYZ普通类型, 　　　　　1: delta类型(delta机器限位按X+,Y+,Z+, 左:X电机, 右:Y电机, 后 　　　　　2: Hbot/CoreXY类型 　　　　　3: SCARA(内测中,限位按X-, Y-) 　　　　　4: 挖掘机结构(内测)	设备类型为 XYZ 普通类型	

学习评价

在表 5.7-2 所示的 3D 打印机固件调试学习评价表中，根据评价指标进行客观评价。

表 5.7-2　3D 打印机固件调试学习评价表

评价项目	评价标准	配　分	自评 30%	互评 30%	师评 40%	综合得分
零部件的识别	能正确识别各零部件的功能及作用	15				
相关工具的使用	能正确使用相关工具完成装配操作	20				
装配精度	能按相关要求完成装配操作，保证装配精度	15				
连接紧固	确保装配过程中每个连接紧固步骤都完成到位，无疏忽遗漏	10				
修配操作	为保证装配精度，根据装配需要合理修整零部件	15				
项目反思	在完成项目的过程中，你遇到了什么样的问题呢？这些问题你是如何解决的呢？你的解决方法是否有效解决了问题并达到了你的预期效果呢？将以上问题回答在下面的空格里。（每回答一个问题得 5 分，书写工整且逻辑清晰的可得 5 分附加分）	25				

具体反思如下：

反侵权盗版声明

电子工业出版社依法对本作品享有专有出版权。任何未经权利人书面许可，复制、销售或通过信息网络传播本作品的行为；歪曲、篡改、剽窃本作品的行为，均违反《中华人民共和国著作权法》，其行为人应承担相应的民事责任和行政责任，构成犯罪的，将被依法追究刑事责任。

为了维护市场秩序，保护权利人的合法权益，我社将依法查处和打击侵权盗版的单位和个人。欢迎社会各界人士积极举报侵权盗版行为，本社将奖励举报有功人员，并保证举报人的信息不被泄露。

举报电话：（010）88254396；（010）88258888

传　　真：（010）88254397

E-mail：　dbqq@phei.com.cn

通信地址：北京市万寿路南口金家村 288 号华信大厦
　　　　　电子工业出版社总编办公室

邮　　编：100036